人工智能开发与实战丛书

Python

自然语言处理实战

Python Natural Language Processing Cookbook

[美] 真亚·安蒂科 （Zhenya Antić） 　著

于延锁　刘　强　译

机 械 工 业 出 版 社

近年来，基于深度学习的人工智能掀起了学习热潮。Python 是最广泛使用的自然语言处理（NLP）语言。本书从 NLP 的概述开始，介绍了将文本分成句子、词干提取和词形还原、删除停用词和词性标注的方法，以帮助您准备数据。然后，您将学习提取和表示语法信息的方法，例如依存分析和指代消解，发现使用词袋、TF-IDF、词嵌入和 BERT 表示语义的不同方法，并使用关键字、SVM、LSTM 和其他技术开发文本分类技能。随着学习的深入，您还将了解如何从文本中提取信息、实施无监督和有监督的主题建模技术，以及对短文本（如推文）进行主题建模。此外，本书还向您展示了如何使用 NLTK 和 Rasa 开发聊天机器人并可视化文本数据。

读完这本 NLP 书籍，您将掌握使用一组强大的工具进行文本处理工具的技能。可以说，本书是深度学习和自然语言处理的入门教程，同时也引领读者登堂入室，进入机会与挑战并存的人工智能领域。

这本 NLP 书籍适于 AI 工程师、机器学习工程师、数据科学家和深度学习爱好者阅读。

图书在版编目（CIP）数据

Python 自然语言处理实战/（美）真亚·安蒂科（Zhenya Antic）著；于延锁，刘强译. —北京：机械工业出版社，2023.3（2024.1 重印）
（人工智能开发与实战丛书）
书名原文：Python Natural Language Processing Cookbook
ISBN 978-7-111-72515-2

Ⅰ.①P… Ⅱ.①真… ②于… ③刘… Ⅲ.①软件工具-自然语言处理-教材 Ⅳ.①TP311.561②TP391

中国国家版本馆 CIP 数据核字（2023）第 010854 号

机械工业出版社（北京市百万庄大街 22 号　邮政编码 100037）
策划编辑：付承桂　　　　　　责任编辑：付承桂　杨　琼
责任校对：郑　婕　王明欣　　封面设计：鞠　杨
责任印制：单爱军
北京虎彩文化传播有限公司印刷
2024 年 1 月第 1 版第 3 次印刷
184mm×240mm · 14.25 印张 · 316 千字
标准书号：ISBN 978-7-111-72515-2
定价：99.00 元

电话服务　　　　　　　　　　网络服务
客服电话：010-88361066　　　机　工　官　网：www.cmpbook.com
　　　　　010-88379833　　　机　工　官　博：weibo.com/cmp1952
　　　　　010-68326294　　　金　书　网：www.golden-book.com
封底无防伪标均为盗版　　　　机工教育服务网：www.cmpedu.com

The Translator's Words
译者序

近年来，基于深度学习的人工智能掀起了学习热潮。Python 是最广泛使用的自然语言处理（NLP）语言，这要归功于其用于分析文本和提取计算机可用数据的广泛工具和库。本书将带您了解一系列文本处理技术，从解析词性等基础知识到主题建模、文本分类和可视化等复杂主题。读完这本 NLP 书籍，您将掌握使用一组强大的文本处理工具的技能。可以说，本书是深度学习和自然语言处理的入门教程，同时也引领读者进入充满机会和挑战的人工智能领域。

本书共分 8 章：学习 NLP 基础知识、玩转语法、表示文本——捕获语义、文本分类、信息提取入门、主题建模、构建聊天机器人、可视化文本数据。

本书的翻译得到了北京石油化工学院人工智能研究院的大力支持。为了统一全书的语言风格，参加翻译的人员较少，第 1 章由刘强同志负责翻译，原书前言、目录、附录、第 2 章、第 3 章、第 4 章、第 5 章、第 6 章、第 7 章、第 8 章由于延锁同志负责翻译，全书由于延锁同志统一整理与校审。同时，特别感谢研究院的张明武等同学为本书的翻译和排版做出了贡献。另外，本书的翻译也得到了机械工业出版社电工电子分社社长付承桂的大力支持和协助，在此一并表示衷心的感谢。本书的出版得到了北京市教育委员会项目（22019821001）和北京石油化工学院人工智能青年科学家攀登计划（AAI-2021-006、AAI-2022-002）的资助。

最后，尽管本书在翻译过程中始终保持认真细致的态度，但难免存在不妥之处，恳请广大读者批评指正，我们将不断完善。

译者
2023 年 2 月

Preface
原书前言

Python 是自然语言处理（NLP）中使用最广泛的语言，这要归功于其用于分析文本和提取计算机可用数据的广泛工具和库。本书将带您了解一系列文本处理技术，从词性标注等基础知识，到主题建模、文本分类和可视化等复杂主题。

这本书从 NLP 的概述开始，介绍了将文本分成句子、词干提取和词形还原、删除停用词和词性标注的方法，以帮助您准备数据。然后，您将了解提取和表示语法信息的方法，例如依存分析和指代消解，发现使用词袋、TF-IDF、词嵌入和 BERT 表示语义的不同方法，并使用关键词、SVM、LSTM 和其他技术开发文本分类技能。随着学习的深入，您还将了解如何从文本中提取信息、实施无监督和有监督的主题建模技术，以及对短文本（如推文）进行主题建模。此外，本书还介绍了使用 NLTK 和 Rasa 开发聊天机器人，以及可视化文本数据。

读完这本 NLP 书，您将掌握使用一套强大的工具进行文本处理的技能。

● 这本书是给谁看的

本书适于想要学习如何使用文本的数据科学家和专业人士阅读。Python 的中级知识将帮助您充分利用本书。如果您是 NLP 从业者，本书可作为您项目工作时的代码参考。

● 这本书涵盖的内容

第 1 章，学习 NLP 基础知识，属于概要性章节，介绍了处理文本的基本预处理步骤。它包括诸如将文本分成句子、词干提取和词形还原、删除停用词和词性标注等方法。您将了解用于词性标注的不同方法，以及用于删除停用词的两个选项。

第 2 章，玩转语法，将展示如何获取和使用有关文本的语法信息。我们将创建一个依存分析器，然后使用它将一个句子拆分为子句。我们还将使用依存分析和名词块来提取文本中的实体和关系。某些专题将展示如何提取英语和西班牙语的语法信息。

第 3 章，表示文本——捕获语义，介绍了如何处理单词和语义，因为对人来说使用单词和语义很容易，但对计算机而言却很困难，因此我们需要以单词以外的方式表示文本，以便计算机能够处理文本。本章介绍了表示文本的不同方式，从简单的词袋到 BERT。本章还讨论了使用这些语义表示的语义搜索的基本实现。

第 4 章，文本分类，这是 NLP 中最重要的技术之一。它在许多不同行业中用于不同类型的文本，例如推文、长文档和句子。在本章中，您将学习如何使用各种技术和工具（包括 K-Means、SVM 和 LSTM）进行有监督和无监督的文本分类。

第 5 章，信息提取入门，讨论 NLP 的主要目标之一是从文本中提取信息以便后续使用。本章展示了从文本中提取信息的不同方法，从用最简单的正则表达式技术来查找电子邮件和 URL，到用神经网络工具来提取情绪。

第 6 章，主题建模，讨论了确定文本的主题是一个重要的 NLP 工具，它可以帮助文本分类和发现文本中的新主题。本章介绍了不同的主题建模技术，包括无监督和有监督的技术，以及短文本（如推文）的主题建模。

第 7 章，构建聊天机器人，介绍聊天机器人，它是过去几年出现的重要营销工具。在本章中，您将学习如何使用两种不同的框架构建聊天机器人，其中 NLTK 用于关键词匹配聊天机器人，Rasa 用于具有深度学习模型的复杂聊天机器人。

第 8 章，可视化文本数据，讨论了可视化不同 NLP 分析的结果如何成为一个非常有用的演示和评估工具。本章向您介绍不同 NLP 工具的可视化技术，包括 NER、主题建模和词云。

• 为了充分利用这本书

您需要在系统上安装 Python 3。我们建议使用 pip 安装本书中讨论的 Python 库。书中的代码片段提到了在 Windows 操作系统上安装给定库的相关命令。

书中涉及的软件/硬件	操作系统要求
Python 3. x, Anaconda, Jupyter Notebook	Windows/macOS/Linux

如果您使用本书的数字版本，我们建议您自己输入代码或通过 GitHub 存储库访问代码（下一节提供链接）。这样做将帮助您避免与复制和粘贴代码相关的任何潜在错误。

• 下载示例代码文件

您可以从 GitHub 下载本书的示例代码文件，网址为 https://github. com/PacktPublishing/Python-Natural-Language-Processing-Cookbook。如果代码有更新，它将在现有的 GitHub 存储库中更新。

我们还有来自丰富的书籍和视频目录的其他代码包，可在 https://github. com/PacktPublishing/获得。去看一下！

• 下载彩色图像

我们还提供了一个 PDF 文件，其中包含本书中使用的屏幕截图/图表的彩色图像。您可以在此处下载：https://static. packt-cdn. com/downloads/9781838987312_ColorImages. pdf。

• 使用的约定

本书通篇使用了许多文本约定。

文本中的代码：表示文本中的代码单词、数据库表格名称、文件夹名称、文件名、文件扩展名、路径名、虚拟 URL、用户输入和 Twitter 句柄。下面是一个例子："对于这个专题，我们只需要书的开头，可以在 sherlock_holmes_1. txt 文件中找到。"

一段代码设置如下：

```
filename = "sherlock_holmes_1.txt"
file = open(filename, "r", encoding="utf-8")
text = file.read()
```

当我们希望引起您对代码块的特定部分的注意时，相关的行或项目以粗体显示：

```
import time
start = time.time()
main()
print("%s s" % (time.time() - start))
```

任何命令行输入或输出的写法如下：

```
python -m spacy download es_core_news_sm
```

粗体：表示新词、重要词或您在屏幕上看到的词。例如，菜单或对话框中的单词出现在文本中是这样的。下面是一个例子："它显示了词汇表中的三个单词，它们是 **seen**、**of** 和 **Holmes**。"

> **提示或重要说明**
> 像这样出现。

• 小节

在本书中，您会发现几个经常出现的标题（准备、怎么做...、它是如何工作的...、还有更多...，以及请参阅）。

要提供有关如何完成专题的明确说明，请按以下方式使用这些部分：

• 准备

本节将告诉您专题中的预期内容，并描述如何设置任何软件或专题所需的任何初步设置。

• 怎么做...

本节包含遵循专题所需的步骤。

- ## 它是如何工作的...

本节通常包括对上一节中发生的事情的详细解释。

- ## 还有更多...

本节包含有关专题的其他信息，以使您对专题有更多的了解。

- ## 请参阅

本节提供了指向该专题其他有用信息的帮助链接。

- ## 保持联系

来自读者的反馈总是受欢迎的。

一般反馈：如果您对本书的任何方面有疑问，请在邮件主题中提及书名，并发送电子邮件至 customercare@ packtpub. com。

勘误表：尽管我们已尽一切努力确保内容的准确性，但难免会发生错误。如果您在本书中发现了错误，请向我们报告，我们将不胜感激。请访问 www. packtpub. com/support/errata，选择您的书籍，单击勘误表提交链接，然后输入详细信息。

盗版：如果您在互联网上发现任何形式的我们作品的非法复制品，请提供位置地址或网站名称，我们将不胜感激。请通过 copyright@ packt. com 联系我们并提供材料链接。

如果您有兴趣成为一名作者：如果您对某个主题有专长并且对写作或为一本书做出贡献感兴趣，请访问 authors. packtpub. com。

- ## 评论

请留下评论。一旦您阅读并使用了这本书，为什么不在您购买它的网站上留下评论呢？这样的话，潜在读者就可以看到并使用您的公正意见来做出购买决定，Packt 可以了解您对我们产品的看法，我们的作者也可以看到您对他们的书的反馈。谢谢！

有关 Packt 的更多信息，请访问 packt. com。

Contents
目　录

第1章
学习 NLP 基础知识

在写这本书时，我专注于 NLP（自然语言处理）项目中各种有用的专题。它们的范围从简单到高级，处理从语法到可视化的所有内容；其中许多都包括英语以外的语言选项。我希望您觉得这本书有用。

在我们开始真正的 NLP 工作之前，我们需要准备我们的文本进行处理。本章将向您展示如何做到这一点。到本章结束时，您将能够在一段文本中列出一个单词列表，按照词性和词根或词干排列，并删除非常频繁的单词。

NLTK 和 spaCy 将是我们在本章和整本书中使用的两个重要的包。

本章包含以下专题：

- 将文本分成句子
- 将句子切分成单词：分词
- 词性标注
- 词干化
- 组合相似词：词形还原
- 删除停用词

1.1 技术要求

在本书中，我将展示使用 Anaconda 安装运行 Python 3.6.10 的示例。要安装 Anaconda，请按照此处的说明进行操作：https://docs.anaconda.com/anaconda/install/。

安装 Anaconda 后，使用它来创建虚拟环境：

```
conda create -n nlp_book python=3.6.10 anaconda
activate nlp_book
```

然后，安装 spaCy 2.3.0 和 NLTK 3.4.5：

```
pip install nltk
pip install spacy
```

安装 spaCy 和 NLTK 后，需安装使用它们所需的模型。对于 spaCy，请使用：

```
python -m spacy download en_core_web_sm
```

使用 Python 命令下载 NLTK 所需的模型：

```
python
>>> import nltk
>>> nltk.download('punkt')
```

本书中的所有代码都可以在本书的 GitHub 存储库中找到：https://github.com/Packt-Publishing/Python-Natural-Language-Processing-Cookbook。

重要提示

应该在包含每章代码子文件夹的主目录中使用-m 选项运行本书 GitHub 存储库中的文件。例如，您可以按如下方式使用它：

```
python -m Chapter01.dividing_into_sentences
```

1.2 将文本分成句子

当我们处理文本时，可以处理不同尺度的文本单元：我们可以在文档本身的级别上工作，例如报纸文章、段落、句子或单词。句子是许多 NLP 任务中的主要处理单元。在本节中，我将向您展示如何将文本分成句子。

● **准备**

对于这一部分，我们将使用《*The Adventures of Sherlock Holmes*》一书的文本。您可以在本书的 GitHub 中找到全文（请参阅 sherlock_holmes. txt 文件）。对于这个专题，我们只需要书的开头，可以在 sherlock_holmes_1. txt 文件中找到。

为了完成此任务，您将需要 nltk 包及其句子分词器，如"1.1 技术要求"部分所述。

● **怎么做…**

我们现在将分割《*The Adventures of Sherlock Holmes*》的文本，输出一个句子列表：

1. 导入 nltk 包：

```
import nltk
```

2. 读入本书正文：

```
filename = "sherlock_holmes_1.txt"
file = open(filename, "r", encoding="utf-8")
text = file.read()
```

3. 用空格替换换行符：

```
text = text.replace("\n", " ")
```

4. 初始化 NLTK 分词器。这使用了我们之前下载的 punkt 模型：

```
tokenizer = nltk.data.load("tokenizers/punkt/english.pickle")
```

5. 将文本分成句子：

```
sentences = tokenizer.tokenize(text)
```

结果列表 sentences 包含本书第一部分中的所有句子：

```
['To Sherlock Holmes she is always _the_ woman.', 'I have
seldom heard him mention her under any other name.',
'In his eyes she eclipses and predominates the whole of
her sex.', 'It was not that he felt any emotion akin
to love for Irene Adler.', 'All emotions, and that one
particularly, were abhorrent to his cold, precise but
admirably balanced mind.', 'He was, I take it, the most
perfect reasoning and observing machine that the world
has seen, but as a lover he would have placed himself
in a false position.', 'He never spoke of the softer
passions, save with a gibe and a sneer.', 'They were
admirable things for the observer—excellent for drawing
the veil from men's motives and actions.', 'But for the
trained reasoner to admit such intrusions into his own
delicate and finely adjusted temperament was to introduce
a distracting factor which might throw a doubt upon all
his mental results.', 'Grit in a sensitive instrument,
or a crack in one of his own high-power lenses, would
not be more disturbing than a strong emotion in a nature
such as his.', 'And yet there was but one woman to him,
and that woman was the late Irene Adler, of dubious and
questionable memory.']
```

● 它是如何工作的…

在步骤 1 中，我们导入 nltk 包。在步骤 2 中，我们打开文本文件并将内容读入字符串。在步骤 3 中，我们用空格替换换行符。这是一个可选步骤，我将其包含在内以提高可读性。在步骤 4 中，我们初始化 NLTK 分词器。在步骤 5 中，我们使用分词器将文本分成句子。

尽管仅通过使用正则表达式在句点处切分来将文本分成句子似乎很简单，但实际上，它要复杂得多。我们在句末以外的地方使用句号，例如，在缩写之后。同样，虽然英语中的所有句子都以大写字母开头，但我们也使用大写字母表示专有名词。

● 还有更多…

我们还可以使用不同的策略将文本解析为句子，使用另一个非常流行的 NLP 包 spaCy。以下是它的工作原理：

1. 导入 spacy 包：

```
import spacy
```

2. 读入本书正文：

```
filename = "sherlock_holmes_1.txt"
file = open(filename, "r", encoding="utf-8")
text = file.read()
```

3. 用空格替换换行符：

```
text = text.replace("\n", " ")
```

4. 初始化 spacy 引擎：

```
nlp = spacy.load("en_core_web_sm")
```

5. 将文本分成句子：

```
doc = nlp(text)
sentences = [sentence.text for sentence in doc.sents]
```

结果将是《*The Adventures of Sherlock Holmes*》第一部分中的句子：

```
['To Sherlock Holmes she is always _the_ woman.', 'I have
seldom heard him mention her under any other name.',
'In his eyes she eclipses and predominates the whole of
her sex.', 'It was not that he felt any emotion akin
to love for Irene Adler.', 'All emotions, and that one
particularly, were abhorrent to his cold, precise but
admirably balanced mind.', 'He was, I take it, the most
perfect reasoning and observing machine that the world
has seen, but as a lover he would have placed himself
in a false position.', 'He never spoke of the softer
passions, save with a gibe and a sneer.', 'They were
admirable things for the observer—excellent for drawing
the veil from men's motives and actions.', 'But for the
trained reasoner to admit such intrusions into his own
delicate and finely adjusted temperament was to introduce
a distracting factor which might throw a doubt upon all
his mental results.', 'Grit in a sensitive instrument,
or a crack in one of his own high-power lenses, would
not be more disturbing than a strong emotion in a nature
such as his.', 'And yet there was but one woman to him,
and that woman was the late Irene Adler, of dubious and
questionable memory.']
```

spaCy 和 NLTK 之间的一个重要区别是完成句子切分过程所需的时间。我们可以通过使用 time 包来计时执行，把切分句子的代码放到 main 函数中：

```
import time
start = time.time()
main()
print("%s s" % (time.time() - start))
```

spaCy 算法需要 0.062s，而 NLTK 算法需要 0.004s。您可能会得到略有不同的值。确保您测量的时间不是第一次运行的时间，因为它总是最慢的。

您可能使用 spaCy 的原因是如果您正在对包进行其他处理并将其切分为句子。spaCy 处理器可以做很多其他的事情，这就是为什么它需要更长的时间。如果您正在使用 spaCy 的其他功能，则没有理由仅将 NLTK 用于句子切分，最好将 spaCy 用于整个流程。

也可以只使用 spaCy 的分词器；有关更多信息，请参阅他们的文档：https://spacy.io/usage/processing-pipelines。

> **重要提示**
>
> spaCy 可能更慢，但它在后台做更多的事情；如果您正在使用它的其他功能，请将其用于句子切分。

● 请参阅

您可以使用 NLTK 和 spaCy 来划分除英语之外的其他语言的文本。NLTK 包括捷克语、丹麦语、荷兰语、爱沙尼亚语、芬兰语、法语、德语、希腊语、意大利语、挪威语、波兰语、葡萄牙语、斯洛文尼亚语、西班牙语、瑞典语和土耳其语的分词器模型。为了加载这些模型，请使用语言名称后跟 .pickle 扩展名：

```
tokenizer = nltk.data.load("tokenizers/punkt/spanish.pickle")
```

请参阅 NLTK 文档以了解更多信息：https://www.nltk.org/index.html。

同样，spaCy 也有其他语言的模型：汉语、丹麦语、荷兰语、英语、法语、德语、希腊语、意大利语、日语、立陶宛语、挪威语、波兰语、葡萄牙语、罗马尼亚语和西班牙语。为了使用这些模型，您必须单独下载它们。例如，对于西班牙语，使用此命令下载模型：

```
python -m spacy download es_core_news_sm
```

然后将此行放在代码中以使用它：

```
nlp = spacy.load("es_core_news_sm")
```

请参阅 spaCy 文档以了解更多信息：https://spacy.io/usage/models。

1.3 将句子切分成单词——分词

在许多情况下，我们在执行 NLP 任务时依赖单个单词。例如，当我们依靠单个词的语义构建文本语义模型时，或者当我们寻找具有特定词性的词时，就会发生这种情况。要将文本切分成单词，我们可以使用 NLTK 和 spaCy。

● **准备**

对于这个专题，我们将使用与《*The Adventures of Sherlock Holmes*》一书相同的文字。您可以在本书的 GitHub 存储库中找到全文。对于这个专题，我们只需要书的开头，可以在 sherlock_holmes_1. txt 文件中找到。

为了完成此任务，您将需要 nltk 包，如"1.1 技术要求"部分所述。

● **怎么做…**

1. 导入 nltk 包：

```
import nltk
```

2. 读入本书正文：

```
filename = "sherlock_holmes_1.txt"
file = open(filename, "r", encoding="utf-8")
text = file.read()
```

3. 用空格替换换行符：

```
text = text.replace("\n", " ")
```

4. 将文本切分成单词：

```
words = nltk.tokenize.word_tokenize(text)
```

输出将是文本中的单词列表：

```
['To', 'Sherlock', 'Holmes', 'she', 'is', 'always', '_
the_', 'woman', '.', 'I', 'have', 'seldom', 'heard',
'him', 'mention', 'her', 'under', 'any', 'other',
'name', '.', 'In', 'his', 'eyes', 'she', 'eclipses',
'and', 'predominates', 'the', 'whole', 'of', 'her',
'sex', '.', 'It', 'was', 'not', 'that', 'he', 'felt',
'any', 'emotion', 'akin', 'to', 'love', 'for', 'Irene',
'Adler', '.', 'All', 'emotions', ',', 'and', 'that',
'one', 'particularly', ',', 'were', 'abhorrent', 'to',
'his', 'cold', ',', 'precise', 'but', 'admirably',
'balanced', 'mind', '.', 'He', 'was', ',', 'I', 'take',
'it', ',', 'the', 'most', 'perfect', 'reasoning',
'and', 'observing', 'machine', 'that', 'the', 'world',
```

```
'has', 'seen', ',', 'but', 'as', 'a', 'lover', 'he',
'would', 'have', 'placed', 'himself', 'in', 'a', 'false',
'position', '.', 'He', 'never', 'spoke', 'of', 'the',
'softer', 'passions', ',', 'save', 'with', 'a', 'gibe',
'and', 'a', 'sneer', '.', 'They', 'were', 'admirable',
'things', 'for', 'the', 'observer-excellent', 'for',
'drawing', 'the', 'veil', 'from', 'men', "'", 's',
'motives', 'and', 'actions', '.', 'But', 'for',
'the', 'trained', 'reasoner', 'to', 'admit', 'such',
'intrusions', 'into', 'his', 'own', 'delicate', 'and',
'finely', 'adjusted', 'temperament', 'was', 'to',
'introduce', 'a', 'distracting', 'factor', 'which',
'might', 'throw', 'a', 'doubt', 'upon', 'all', 'his',
'mental', 'results', '.', 'Grit', 'in', 'a', 'sensitive',
'instrument', ',', 'or', 'a', 'crack', 'in', 'one', 'of',
'his', 'own', 'high-power', 'lenses', ',', 'would',
'not', 'be', 'more', 'disturbing', 'than', 'a', 'strong',
'emotion', 'in', 'a', 'nature', 'such', 'as', 'his',
'.', 'And', 'yet', 'there', 'was', 'but', 'one', 'woman',
'to', 'him', ',', 'and', 'that', 'woman', 'was', 'the',
'late', 'Irene', 'Adler', ',', 'of', 'dubious', 'and',
'questionable', 'memory', '.']
```

● 它是如何工作的…

在步骤 1 中，我们导入 nltk 包。在步骤 2 中，我们打开文本文件并将其内容读入字符串。在可选的步骤 3 中，我们用空格替换换行符以提高可读性。

在步骤 4 中，我们使用 nltk. tokenize. word_tokenize( ) 函数将文本切分成单词。输出是一个列表，其中每个标记是一个单词或一个标点符号。NLTK 分词器使用一组规则将文本切分为单词。正如前面的例子，它切分但不扩展收缩，例如 don't→do n't 和 men's→men 's。它将标点符号和引号视为单独的标记，因此结果包括没有其他标记的单词。

● 还有更多…

NLTK 有一个特殊的分词器用于推文和类似的短文本。它可以选择删除 Twitter 用户句柄并将重复字符缩短到最多三个连续字符。例如，让我们使用一个虚构的推文：@ EmpireStateBldg Central Park Tower is reaaaaally hiiiiiiigh 并使用 NLTK Twitter 分词器对其进行分词：

1. 导入 nltk 包：

```
import nltk
```

2. 初始化 tweet 变量：

```
tweet = "@EmpireStateBldg Central Park Tower is reaaaaally
hiiiigh"
```

3. 将文本切分成单词。设置参数以保留大小写、减少长度并去除句柄：

```
words = \
nltk.tokenize.casual.casual_tokenize(tweet,
                                     preserve_case=True,
                                     reduce_len=True,
                                     strip_handles=True)
```

输出将是一个单词列表：

```
['Central', 'Park', 'Tower', 'is', 'reaaally', 'hiiigh']
```

reaaaaally 和 hiiiiiiigh 单词中的重复字符缩短为三个，Twitter 句柄@ EmpireStateBldg 已删除，单词已被切分。

我们还可以使用 spaCy 进行分词。分词是 spaCy 在处理文本时完成的更大任务中的一项任务。以下是它的工作原理：

4. 导入 spacy 包：

```
import spacy
```

5. 读入本书正文：

```
filename = "sherlock_holmes_1.txt"
file = open(filename, "r", encoding="utf-8")
text = file.read()
```

6. 用空格替换换行符：

```
text = text.replace("\n", " ")
```

7. 使用英文模型初始化 spacy 引擎：

```
nlp = spacy.load("en_core_web_sm")
```

8. 将文本分成句子：

```
doc = nlp(text)
words = [token.text for token in doc]
```

> **重要提示**
>
> 如果您正在使用 spaCy 进行其他处理，则使用它是有意义的。否则，NLTK 进行分词就足够了。

● **请参阅**

NLTK 包只有英语分词。

spaCy 有其他几种语言的模型：汉语、丹麦语、荷兰语、英语、法语、德语、希腊语、意大利语、日语、立陶宛语、挪威语、波兰语、葡萄牙语、罗马尼亚语和西班牙语。为了使用这些模型，您必须单独下载它们。例如，对于西班牙语，使用此命令下载模型：

```
python -m spacy download es_core_news_sm
```

然后将此行放在代码中以使用它：

```
nlp = spacy.load("es_core_news_sm")
```

请参阅 spaCy 文档以了解更多信息：https://spacy.io/usage/models。

1.4　词性标注

在许多情况下，NLP 处理取决于确定文本中单词的词性。例如，在句子分类中，我们有时会使用单词的词性作为输入到分类器的特征。在这个专题中，我们将再次考虑 NLTK 和 spaCy 算法。

- **准备**

对于这个专题，我们将使用与《The Adventures of Sherlock Holmes》一书相同的文字。您可以在本书的 GitHub 中找到全文。对于这个专题，我们只需要书的开头，可以在 sherlock_holmes_1.txt 文件中找到。

为了完成此任务，您将需要 spaCy 包，如"1.1 技术要求"部分所述。

- **怎么做…**

在这个专题中，我们将使用 spaCy 包进行词性标注，接下来将证明它在这项任务中优于 NLTK。

过程如下：

1. 导入 spacy 包：

```
import spacy
```

2. 读入本书正文：

```
filename = "sherlock_holmes_1.txt"
file = open(filename, "r", encoding="utf-8")
text = file.read()
```

3. 用空格替换换行符：

```
text = text.replace("\n", " ")
```

4. 初始化 spacy 引擎：

```
nlp = spacy.load("en_core_web_sm")
```

5. 使用 spacy 引擎处理文本：

```
doc = nlp(text)
```

6. 获取带有单词和词性标签的元组列表：

```
words = [token.text for token in doc]
pos = [token.pos_ for token in doc]
word_pos_tuples = list(zip(words, pos))
```

部分结果显示在这里；其余请参见本书的 GitHub：

```
[('To', 'ADP'), ('Sherlock', 'PROPN'), ('Holmes',
'PROPN'), ('she', 'PRON'), ('is', 'VERB'), ('always',
'ADV'), ('_', 'NOUN'), ('the', 'DET'), ('_', 'NOUN'),
('woman', 'NOUN'), ('.', 'PUNCT'), …]
```

结果列表包含单词和词性的元组。词性标签列表可在此处获得：https://universaldependencies. org/docs/u/pos/，也包含在本书的附录 A 中。

● 它是如何工作的…

在步骤 1 中，我们导入 spaCy 包。在步骤 2 中，我们读入文本文件。在可选的步骤 3 中，我们用空格替换换行符。

在步骤 4 中，我们初始化了 spaCy 引擎，在步骤 5 中，我们使用它来处理文本。生成的 Document 对象包含一个带有 Token 对象的迭代器，每个 Token 对象都有关于词性的信息。

在步骤 6 中，我们创建了两个列表，一个包含单词，一个包含相应的词性，然后将它们组合成一个元组列表。我们这样做是为了轻松打印整个列表及其相应的词性。当您在代码中使用词性标签时，您只需遍历标记列表即可。结果显示了词-词性元组的最终列表。

● 还有更多…

我们可以在这个任务中将 spaCy 的性能与 NLTK 进行比较。以下是使用 NLTK 获取词性的步骤：

1. 导入 nltk 包：

```
import nltk
```

2. 读入本书正文：

```
filename = "sherlock_holmes_1.txt"
file = open(filename, "r", encoding="utf-8")
text = file.read()
```

3. 用空格替换换行符：

```
text = text.replace("\n", " ")
```

4. 将文本切分为单词：

```
words = nltk.tokenize.word_tokenize(text)
```

5. 使用 NLTK 词性标注器处理单词列表：

```
words_with_pos = nltk.pos_tag(words)
```

6. 这是部分结果。有关整个输出请参见本书的 GitHub：

```
[('To', 'TO'), ('Sherlock', 'NNP'), ('Holmes', 'NNP'),
('she', 'PRP'), ('is', 'VBZ'), ('always', 'RB'), ('_
the_', 'JJ'), ('woman', 'NN'), ('.', '.'), …]
```

NLTK 使用的词性标签列表与 spaCy 不同，包含在本书的附录 B 中，也可以通过运行以下命令获得：

```
python
>>> import nltk
>>> nltk.download('tagsets')
>>> nltk.help.upenn_tagset()
```

比较性能，我们看到 spaCy 需要 0.065s，而 NLTK 需要 0.170s，因此 spaCy 更有效。此外，在初始处理完成后，spaCy 对象中的词性信息已经可用。

> **重要提示**
>
> spaCy 一次性完成所有处理，并将结果存储在 Doc 对象中。通过遍历 Token 对象可以获取词性信息。

- **请参阅**

如果您想标记另一种语言的文本，可以使用 spaCy 的其他语言模型。例如，我们可以加载西班牙语 spaCy 模型以便于在西班牙语文本上运行它：

```
nlp = spacy.load("es_core_news_sm")
```

如果 spaCy 没有您正在使用的语言的模型，您可以使用 spaCy 训练您自己的模型。请参阅 https://spacy.io/usage/training#taggerparser。

1.5　词干提取

在一些 NLP 任务中，我们需要对词进行词干化，或者去除 -ing 和 -ed 等后缀和结尾。这个专题展示了如何做到这一点。

- **准备**

为此，我们将使用 NLTK 及其 **Snowball Stemmer**。

- **怎么做…**

我们将加载 NLTK Snowball Stemmer 并使用它来词干化：

1. 导入 NLTK Snowball Stemmer：

```
from nltk.stem.snowball import SnowballStemmer
```

2. 用 English 初始化 stemmer：

```
stemmer = SnowballStemmer('english')
```

3. 用要词干化的词初始化一个列表：

```
words = ['leaf', 'leaves', 'booking', 'writing',
         'completed', 'stemming', 'skies']
```

4. 提取词的词干：

```
stemmed_words = [stemmer.stem(word) for word in words]
```

结果如下：

```
['leaf', 'leav', 'book', 'write', 'complet', 'stem',
'sky']
```

● 它是如何工作的…

在步骤 1 中，我们导入 SnowballStemmer 对象。在步骤 2 中，我们使用英语作为输入语言初始化 stemmer 对象。在步骤 3 中，创建了一个包含我们想要词干化的单词的列表。在步骤 4 中，创建一个词干提取后的词列表。

词干分析器从单词中去除后缀和结尾。如此处所示，它删除了诸如 -es、-ing 和 -ed 之类的后缀，以及其他诸如 -ive、-ize 和 -ment 之类的后缀。它还处理异常，如 skies → sky 的情况。但是，它不会将词干更改为其规范形式，如带有单词 leaves 的示例所示。

● 还有更多…

NLTK Snowball Stemmer 具有适用于多种语言的算法。要查看 NLTK Snowball Stemmer 使用的所有语言，请使用以下命令：

```
print(SnowballStemmer.languages)
```

结果如下：

```
('danish', 'dutch', 'english', 'finnish', 'french', 'german',
'hungarian', 'italian', 'norwegian', 'porter', 'portuguese',
'romanian', 'russian', 'spanish', 'swedish')
```

例如，假设我们用它来词干化这些西班牙语单词：

```
stemmer = SnowballStemmer('spanish')
```

```
spanish_words = ['caminando', 'amigo', 'bueno']
```

```
stemmed_words = [stemmer.stem(word) for word in spanish_words]
```

结果如下：

```
['camin', 'amig', 'buen']
```

- **请参阅**

有关 NLTK Snowball Stemmer 的更多信息，请参阅 http://snowball.tartarus.org/algorithms/english/stemmer.html。

1.6　组合相似词——词形还原

与词干提取类似的技术是**词形还原**。不同之处在于词形还原为我们提供了一个真实的词，即它的规范形式。例如，单词 cats 的词形是 cat，单词 ran 的词形是 run。

- **准备**

我们将在本专题中使用 NLTK 包。

- **怎么做…**

NLTK 包包括一个基于 WordNet 语料库的 lemmatizer 模块。

以下是如何使用它：

1. 导入 NLTK WordNet lemmatizer：

```
from nltk.stem import WordNetLemmatizer
```

2. 初始化 lemmatizer：

```
lemmatizer = WordNetLemmatizer()
```

3. 使用要词形还原的单词初始化列表：

```
words = ['duck', 'geese', 'cats', 'books']
```

4. 词形还原：

```
lemmatized_words = [lemmatizer.lemmatize(word) for word
in words]
```

5. 结果如下：

```
['duck', 'goose', 'cat', 'book']
```

- **它是如何工作的…**

在步骤 1 中，我们导入 WordNetLemmatizer，在步骤 2 中，对其进行初始化。在步骤 3 中，初始化要词形还原的单词列表。在步骤 4 中，创建一个包含经过词形还原的单词的列表。结果显示了所有单词的正确词形还原，包括 geese 等例外。

- **还有更多…**

lemmatize 函数有一个参数 pos（用于词性），默认设置为 noun（名词）。如果您想对动词或形容词进行词形还原，则必须明确指定：

```
>>> lemmatizer.lemmatize('loved', 'v')
'love'
>>> lemmatizer.lemmatize('worse', 'a')
'bad'
```

没有简单的方法来使副词词形还原。

我们可以结合词性标注和词形还原：

1. 从 pos_tagging 模块导入辅助函数：

```
from Chapter01.pos_tagging import pos_tag_nltk, read_
text_file
```

2. 添加一个从 NLTK 词性标签到 lemmatizer 接收的词性标签和 lemmatizer 接收的一组单独标签的字典映射：

```
pos_mapping = {'JJ':'a', 'JJR':'a', 'JJS':'a', 'NN':'n',
               'NNS':'n', 'VBD':'v', 'VBG':'v',
               'VBN':'v', 'VBP':'v', 'VBZ':'v'}
accepted_pos = {'a', 'v', 'n'}
```

3. 定义 lemmatize_long_text 函数，它将获取一个长文本，用词性标记它，然后对形容词、动词和名词进行词形还原：

```
def lemmatize_long_text(text):
    words = pos_tag_nltk(text)
    words = \
    [(word_tuple[0], pos_mapping[word_tuple[1]] if \
      word_tuple[1] in pos_mapping.keys() else
      word_tuple[1]) for word_tuple in words]
    words = [(lemmatizer.lemmatize(word_tuple[0]) if \
                word_tuple[1] in accepted_pos else \
                word_tuple[0],
                word_tuple[1]) for word_tuple in words]
    return words
```

4. 读入一个文本文件，在本例中为 sherlock_holmes_1.txt 文件，然后使用前面的函数将单词词形还原并打印出来：

```
sherlock_holmes_text = read_text_file("sherlock_holmes_1.
txt")
lem_words = lemmatize_long_text(sherlock_holmes_text)
print(lem_words)
```

结果的开头如下：

```
[('To', 'TO'), ('Sherlock', 'NNP'), ('Holmes', 'NNP'),
('she', 'PRP'), ('is', 'v'), ('always', 'RB'), ('_the_',
'a'), ('woman', 'n'), ('.', '.'), ('I', 'PRP'), ('have',
'v'), ('seldom', 'v'), ('heard', 'RB'), ('him', 'PRP'),
('mention', 'VB'), ('her', 'PRP'), ('under', 'IN'),
('any', 'DT'), ('other', 'a'), ('name', 'n'), ('.', '.'),
('In', 'IN'), ('his', 'PRP$'), ('eye', 'n'), ('she',
'PRP'), ('eclipse', 'v'), ('and', 'CC'), ('predominates',
'v'), ('the', 'DT'), ('whole', 'n'), ('of', 'IN'),
('her', 'PRP$'), ('sex', 'n'), ('.', '.'), …]
```

您会看到，虽然正确地对某些词进行词形还原，例如 eyes 和 eclipses，但它会使其他词保持不变，例如，predominates。

lemmatize_long_text 函数获取文本并用词性标记它。然后，它将 NLTK 动词、形容词和名词标签替换为词形还原器所需的标签，最后将具有这些标签的单词词形还原。

1.7　删除停用词

当我们处理词时，尤其是在考虑词的语义时，有时我们需要排除一些非常频繁的词，这些词不会给句子带来任何实质性的意义，例如 but、can、we 等词。这个专题展示了如何做到这一点。

- **准备**

对于这个专题，我们需要一个 stopwords（停用词）列表。我们在附录 C 以及本书的 GitHub 存储库中提供了一个列表。您可能会发现，对于您的项目，您需要自定义列表并根据需要添加或删除单词。

您还可以使用 nltk 包提供的 stopwords 列表。

我们将使用前面提到的 Sherlock Holmes 文本。对于这个专题，我们只需要书的开头，可以在 sherlock_holmes_1.txt 文件中找到。

- **怎么做…**

在本专题中，我们将读入文本文件，包含 stopwords 的文件，对文本文件进行分词，并从列表中删除停用词：

1. 导入 csv 和 nltk 模块：

```
import csv
import nltk
```

2. 初始化停用词列表：

```
csv_file="stopwords.csv"
with open(csv_file, 'r', encoding='utf-8') as fp:
    reader = csv.reader(fp, delimiter=',', quotechar='"')
    stopwords = [row[0] for row in reader]
```

3. 或者，将停用词列表设置为 NLTK 列表：

```
stopwords = nltk.corpus.stopwords.words('english')
```

> **信息**
>
> 以下是 NLTK 支持停用词的语言列表：阿拉伯语、阿塞拜疆语、丹麦语、荷兰语、英语、芬兰语、法语、德语、希腊语、匈牙利语、意大利语、哈萨克语、尼泊尔语、挪威语、葡萄牙语、罗马尼亚语、俄语、西班牙语、瑞典语和土耳其语。

4. 读入文本文件：

```
file = open(filename, "r", encoding="utf-8")
text = file.read()
```

5. 删除换行符以获得更好的可读性：

```
text = text.replace("\n", " ")
```

6. 对文本进行分词：

```
words = nltk.tokenize.word_tokenize(text)
```

7. 删除停用词：

```
words = [word for word in words if word.lower() not in
stopwords]
```

8. 结果如下：

```
['Sherlock', 'Holmes', '_the_', 'woman', '.',
'seldom', 'heard', 'mention', '.', 'eyes', 'eclipses',
'predominates', 'sex', '.', 'felt', 'emotion', 'akin',
'Irene', 'Adler', '.', 'emotions', ',', ',', 'abhorrent',
'cold', ',', 'precise', 'admirably', 'balanced', 'mind',
'.', ',', ',', 'reasoning', 'observing', 'machine',
',', 'lover', 'false', 'position', '.', 'spoke',
'softer', 'passions', ',', 'save', 'gibe', 'sneer', '.',
'admirable', 'observer-excellent', 'drawing', 'veil',
'men', ''', 'motives', 'actions', '.', 'trained',
'reasoner', 'admit', 'intrusions', 'delicate', 'finely',
'adjusted', 'temperament', 'introduce', 'distracting',
'factor', 'throw', 'doubt', 'mental', '.', 'Grit',
'sensitive', 'instrument', ',', 'crack', 'high-power',
```

```
'lenses', ',', 'disturbing', 'strong', 'emotion',
'nature', '.', 'woman', ',', 'woman', 'late', 'Irene',
'Adler', ',', 'dubious', 'questionable', 'memory', '.']
```

● 它是如何工作的…

该代码从文本中过滤出停用词，并且仅当这些词未出现在 stopwords 列表中时才将其保留在文本中。

在步骤 1 中，我们导入 csv 和 NLTK 模块。在步骤 2 中，读入 stopwords 列表。我们使用 csv.reader 类读取 stopwords 文件，其中包含单词，每行一个。csv.reader 对象每行返回一个列表，其中一行是文件里的一行内容，我们只需要获取该行的第一个元素。或者，在步骤 3 中，从 NLTK 包中初始化 stopwords 列表。

在步骤 4 中，我们读入文本文件。在可选的步骤 5 中，删除了换行符以提高可读性。在步骤 6 中，对文本进行分词并将其转换为单词列表。在步骤 7 中，创建一个新的单词列表，只保留不在 stopwords 列表中的单词。您会注意到代码的最后一行检查单词的小写版本是否在 stopwords 列表中，因为所有停用词都是小写的。

> **重要提示**
>
> 您可能会发现所提供的 stopwords 列表中的某些词是不必要的或缺失的。您需要相应地修改列表。

● 还有更多…

我们还可以通过使用正在处理的文本并计算其中单词的频率来编辑 stopwords 列表。在本节中，我将向您展示两种方法来实现。您将需要使用 sherlock_holmes.txt 文件。NLTK 包中的 FreqDist 对象统计每个单词出现的次数：

1. 导入 nltk 模块和 FreqDist 类：

```
import nltk
from nltk.probability import FreqDist
```

2. 读入文本文件：

```
file = open(filename, "r", encoding="utf-8")
text = file.read()
```

3. 删除换行符以获得更好的可读性：

```
text = text.replace("\n", " ")
```

4. 对文本进行分词：

```
words = nltk.tokenize.word_tokenize(text)
```

5. 创建频率分布对象并使用它来创建元组列表，其中第一个元素是单词，第二个元素是频率计数：

```
freq_dist = FreqDist(word.lower() for word in words)
words_with_frequencies = \
[(word, freq_dist[word]) for word in freq_dist.keys()]
```

6. 按频率对元组列表进行排序：

```
sorted_words = sorted(words_with_frequencies,
                      key=lambda tup: tup[1])
```

7. 现在我们有两个选择：对停用词使用频率截止或采用按频率排序的前 *n*% 的词。这是第一个选项。使用 100 作为频率截止：

```
stopwords = [tuple[0] for tuple in sorted_words if
tuple[1] > 100]
```

8. 结果如下：

```
['away', 'never', 'good', 'nothing', 'case', 'however',
'quite', 'found', 'made', 'house', 'such', 'heard',
'way', 'yes', 'hand', 'much', 'matter', 'where', 'might',
'just', 'room', 'any', 'face', 'here', 'back', 'door',
'how', 'them', 'two', 'other', 'came', 'time', 'did',
'than', 'come', 'before', 'must', 'only', 'know',
'about', 'shall', 'think', 'more', 'over', 'us', 'well',
'am', 'or', 'may', 'they', ';', 'our', 'should', 'now',
'see', 'down', 'can', 'some', 'if', 'will', 'mr.',
'little', 'who', 'into', 'do', 'has', 'could', 'up',
'man', 'out', 'when', 'would', 'an', 'are', 'by', '!',
'were', 's', 'then', 'one', 'all', 'on', 'no', 'what',
'been', 'your', 'very', 'him', 'her', 'she', 'so', ''',
'holmes', 'upon', 'this', 'said', 'from', 'there', 'we',
'me', 'be', 'but', 'not', 'for', '?', 'at', 'which',
'with', 'had', 'as', 'have', 'my', ''', 'is', 'his',
'was', 'you', 'he', 'it', 'that', 'in', '"', 'a', 'of',
'to', '"', 'and', 'i', '.', 'the', ',']
```

9. 另一种选择是使用 *n*% 最常用的词作为停用词。这里我使用了 0.2% 的最常用词：

```
length_cutoff = int(0.02*len(sorted_words))
stopwords = [tuple[0] for tuple in sorted_words[-length_
cutoff:]]
```

结果如下：

```
['make', 'myself', 'night', 'until', 'street', 'few',
'why', 'thought', 'take', 'friend', 'lady', 'side',
'small', 'still', 'these', 'find', 'st.', 'every',
'watson', 'too', 'round', 'young', 'father', 'left',
```

```
'day', 'yet', 'first', 'once', 'took', 'its', 'eyes',
'long', 'miss', 'through', 'asked', 'most', 'saw',
'oh', 'morning', 'right', 'last', 'like', 'say', 'tell',
't', 'sherlock', 'their', 'go', 'own', 'after', 'away',
'never', 'good', 'nothing', 'case', 'however', 'quite',
'found', 'made', 'house', 'such', 'heard', 'way', 'yes',
'hand', 'much', 'matter', 'where', 'might', 'just',
'room', 'any', 'face', 'here', 'back', 'door', 'how',
'them', 'two', 'other', 'came', 'time', 'did', 'than',
'come', 'before', 'must', 'only', 'know', 'about',
'shall', 'think', 'more', 'over', 'us', 'well', 'am',
'or', 'may', 'they', ';', 'our', 'should', 'now', 'see',
'down', 'can', 'some', 'if', 'will', 'mr.', 'little',
'who', 'into', 'do', 'has', 'could', 'up', 'man', 'out',
'when', 'would', 'an', 'are', 'by', '!', 'were', 's',
'then', 'one', 'all', 'on', 'no', 'what', 'been', 'your',
'very', 'him', 'her', 'she', 'so', ''', 'holmes', 'upon',
'this', 'said', 'from', 'there', 'we', 'me', 'be', 'but',
'not', 'for', '?', 'at', 'which', 'with', 'had', 'as',
'have', 'my', ''', 'is', 'his', 'was', 'you', 'he', 'it',
'that', 'in', '"', 'a', 'of', 'to', '"', 'and', 'i', '.',
'the', ',']
```

您可以比较不同的停用词列表，然后选择最适合您需要的那一个。

第 2 章
玩转语法

语法是语言的主要组成部分之一。每种人类语言，以及就此而言的编程语言，都有一套规则，每个使用它的人都必须遵守这些规则，否则，它们就有不被理解的风险。这些语法规则可以使用 NLP 来发现，并且对于从句子中提取数据很有用。例如，使用有关文本语法结构的信息，我们可以解析出主语、宾语和不同实体之间的关系。

在本章中，您将学习如何使用不同的包来揭示单词和句子的语法结构，以及提取句子的某些部分。我们将涵盖以下主题：

- 计数名词——复数名词和单数名词
- 获取依存句法
- 将句子拆分为从句
- 提取名词块
- 提取实体和关系
- 提取句子的主语和宾语
- 寻找引用——指代消解

让我们开始吧！

2.1 技术要求

按照以下步骤安装本章所需的包和模型：

```
pip install inflect
python -m spacy download en_core_web_md
pip install textacy
```

对于"寻找引用——指代消解"专题，我们必须安装 neuralcoref 包。要安装此软件包，请使用以下命令：

```
pip install neuralcoref
```

如果在运行代码时，您遇到提及"spacy. strings. StringStore size changed"的错误，您可能需要从源代码安装 neuralcoref：

```
pip uninstall neuralcoref
git clone https://github.com/huggingface/neuralcoref.git
cd neuralcoref
pip install -r requirements.txt
pip install -e
```

有关安装和使用的更多信息，请参见 https://github.com/huggingface/neuralcoref。

2.2　计数名词——复数名词和单数名词

在这个专题中，我们将做两件事：

- 判断名词是复数还是单数
- 将复数名词变成单数名词，反之亦然

在各种任务中，您可能需要这两件事：让您的聊天机器人用语法正确的句子说话，提出文本分类功能等。

● 准备

我们将使用 nltk 来完成这项任务，以及我们在技术要求部分描述的 inflect 模块。本章的代码位于本书 GitHub 存储库的 Chapter02 目录中。我们将使用 Sherlock_holmes_1.txt 文件中的 *Adventures of Sherlock Holmes* 文本的第一部分。

● 怎么做…

我们将使用第 1 章 "学习 NLP 基础知识" 中的代码将文本切分为单词并用词性标记它们。然后，我们将使用两种方法之一来确定名词是单数还是复数，然后使用 inflect 模块更改名词的数量。

步骤格式如下所示：

1. 做必要的导入：

```
import nltk
from nltk.stem import WordNetLemmatizer
import inflect
from Chapter01.pos_tagging import pos_tag_nltk
```

2. 读入文本文件：

```
file = open(filename, "r", encoding="utf-8")
sherlock_holmes_text = file.read()
```

3. 删除换行符以获得更好的可读性：

```
sherlock_holmes_text = sherlock_holmes_text.replace("\n",
" ")
```

4. 做词性标注：

```
words_with_pos = pos_tag_nltk(sherlock_holmes_text)
```

5. 定义 get_nouns 函数，它将从所有单词中过滤出名词：

```
def get_nouns(words_with_pos):
    noun_set = ["NN", "NNS"]
    nouns = [word for word in words_with_pos if
             word[1] in noun_set]
    return nouns
```

6. 在 POS 标记的单词列表上运行前面的函数并打印它：

```
nouns = get_nouns(words_with_pos)
print(nouns)
```

结果列表如下：

```
[('woman', 'NN'), ('name', 'NN'), ('eyes', 'NNS'),
('whole', 'NN'), ('sex', 'NN'), ('emotion', 'NN'),
('akin', 'NN'), ('emotions', 'NNS'), ('cold', 'NN'),
('precise', 'NN'), ('mind', 'NN'), ('reasoning',
'NN'), ('machine', 'NN'), ('world', 'NN'), ('lover',
'NN'), ('position', 'NN'), ('passions', 'NNS'),
('gibe', 'NN'), ('sneer', 'NN'), ('things', 'NNS'),
('observer-excellent', 'NN'), ('veil', 'NN'), ('men',
'NNS'), ('motives', 'NNS'), ('actions', 'NNS'),
('reasoner', 'NN'), ('intrusions', 'NNS'), ('delicate',
'NN'), ('temperament', 'NN'), ('distracting', 'NN'),
('factor', 'NN'), ('doubt', 'NN'), ('results', 'NNS'),
('instrument', 'NN'), ('crack', 'NN'), ('high-power',
'NN'), ('lenses', 'NNS'), ('emotion', 'NN'), ('nature',
'NN'), ('woman', 'NN'), ('woman', 'NN'), ('memory',
'NN')]
```

7. 要确定名词是单数还是复数，我们有两种选择。第一种选择是使用 NLTK 标签，其中 NN 表示单数名词，NNS 表示复数名词。以下函数使用 NLTK 标签，如果输入名词是复数，则返回 True：

```
def is_plural_nltk(noun_info):
    pos = noun_info[1]
    if (pos == "NNS"):
        return True
    else:
        return False
```

8. 另一种选择是使用 nltk.stem 包中的 WordNetLemmatizer 类。如果名词是复数，以下函数返回 True：

```
def is_plural_wn(noun):
    wnl = WordNetLemmatizer()
    lemma = wnl.lemmatize(noun, 'n')
    plural = True if noun is not lemma else False
    return plural
```

9. 以下函数会将单数名词变为复数：

```
def get_plural(singular_noun):
    p = inflect.engine()
    return p.plural(singular_noun)
```

10. 以下函数会将复数名词变为单数：

```
def get_singular(plural_noun):
    p = inflect.engine()
    plural = p.singular_noun(plural_noun)
    if (plural):
        return plural
    else:
        return plural_noun
```

11. 我们现在可以使用前面的两个函数返回一个根据原始名词变为复数或单数的名词列表。以下代码使用 is_plural_wn 函数来确定名词是否为复数。您还可以使用 is_plural_nltk 函数：

```
def plurals_wn(words_with_pos):
    other_nouns = []
    for noun_info in words_with_pos:
        word = noun_info[0]
        plural = is_plural_wn(word)
        if (plural):
            singular = get_singular(word)
            other_nouns.append(singular)
        else:
            plural = get_plural(word)
            other_nouns.append(plural)
    return other_nouns
```

12. 使用前面的函数返回已更改名词的列表：

```
other_nouns_wn = plurals_wn(nouns)
```

结果如下：

```
['women', 'names', 'eye', 'wholes', 'sexes',
'emotions', 'akins', 'emotion', 'colds', 'precises',
'minds', 'reasonings', 'machines', 'worlds', 'lovers',
'positions', 'passion', 'gibes', 'sneers', 'thing',
'observer-excellents', 'veils', 'mens', 'motive',
'action', 'reasoners', 'intrusion', 'delicates',
'temperaments', 'distractings', 'factors', 'doubts',
'result', 'instruments', 'cracks', 'high-powers', 'lens',
'emotions', 'natures', 'women', 'women', 'memories']
```

● 它是如何工作的…

数目检测以两种方式之一工作。一种是通过读取 NLTK 分配的词性标签。如果标签是 NN，那么名词是单数，如果是 NNS，那么它是复数。另一种方法是使用 WordNet lemmatizer，并将词形与原始单词进行比较。如果词形和原始输入名词相同，则名词为单数，否则为复数。

要找到复数名词的单数形式和单数名词的复数形式，我们可以使用 inflect 包。它的 plural 和 singular_noun 方法返回正确的形式。

在步骤 1 中，我们导入必要的模块和函数。您可以在本书的 GitHub 存储库的 Chapter01 模块中的 pos_tagging.py 文件中找到 pos_tag_nltk 函数，它使用我们为第 1 章"学习 NLP 基础知识"编写的代码。在步骤 2 中，我们将文件内容读入一个字符串。在步骤 3 中，我们从文本中删除换行符；这是一个可选步骤。在步骤 4 中，我们使用上一章代码中定义的 pos_tag_nltk 函数来标记单词的词性。

在步骤 5 中，我们创建 get_nouns 函数，它过滤出单数或复数名词的单词。在此函数中，我们使用列表解析并仅保留具有 NN 或 NNS 标签的单词。

在步骤 6 中，我们在单词列表上运行前面的函数并打印结果。您会注意到，NLTK 将几个词错误地标记为名词，例如 cold 和 precise。这些错误将传播到后续步骤中，在处理 NLP 任务时需要牢记这一点。

在步骤 7 和步骤 8 中，我们定义了两个函数来确定名词是单数还是复数。在步骤 7 中，我们定义了 is_plural_nltk 函数，该函数使用 NLTK POS 标签信息来确定名词是否为复数。在步骤 8 中，我们定义 is_plural_wn 函数，它将名词与其词形进行比较，由 NLTK 词形还原器确定。如果这两种形式相同，则名词是单数，如果它们不同，则名词是复数。这两个函数都可能返回错误结果，它们将向下游传播。

在步骤 9 中，我们定义了 get_plural 函数，该函数将使用 inflect 包返回名词的复数形式。在步骤 10 中，我们定义了 get_singular 函数，该函数使用相同的包来获取名词的单数形式。如果 inflect 没有输出，则函数返回输入。

在步骤 11 中，我们定义了 plurals_wn 函数，该函数接收我们在步骤 6 中得到的具有词性的单词列表，并将复数名词变为单数，将单数名词变为复数。

在步骤 12 中，我们在名词列表上运行 plurals_wn 函数。大多数单词都正确修改；例如，women 和 emotion。我们还看到了两种错误传播，其中要么错误地确定了词性，要么错误地确定了名词的数量。例如，单词 akins 出现在这里是因为 akin 被错误地标记为名词。另一方面，单词 men 被错误地确定为单数并导致错误的输出；也就是 mens。

● 还有更多…

结果会有所不同，具体取决于您使用的是哪个 is_plural/is_singular 函数。如果您用词性标记 men 这个词，会看到 NLTK 返回 NNS 标签，这意味着这个词是复数。您可以尝试不同的输入，看看哪种功能最适合您。

2.3 获取依存句法

依存句法是一种显示句子中的依赖关系的工具。例如，在句子 "The cat wore a hat" 中，句子的词根是动词 wore ，并且主语 the cat 和宾语 a hat 都是从属项。依存句法在许多 NLP 任务中都非常有用，因为它显示了句子的语法结构，以及主语、主要动词、宾语等。然后可以将其用于下游处理。

● 准备

我们将使用 spacy 来创建依存句法。如果您在处理上一章时已经下载了它，则无需再执行任何操作。否则，请按照第 1 章 "学习 NLP 基础知识" 开头的说明安装必要的软件包。

● 怎么做…

我们将从 sherlock_holmes_1.txt 文件中选取几句话来说明依存句法。步骤如下：

1. 导入 spacy：

```
import spacy
```

2. 加载要解析的句子：

```
sentence = 'I have seldom heard him mention her under any
other name.'
```

3. 加载 spacy 引擎：

```
nlp = spacy.load('en_core_web_sm')
```

4. 使用 spacy 引擎处理句子：

```
doc = nlp(sentence)
```

5. 依赖信息将包含在 doc 对象中。我们可以通过循环遍历 doc 中的标记来查看依赖项标签：

```
for token in doc:
    print(token.text, "\t", token.dep_, "\t",
    spacy.explain(token.dep_))
```

6. 结果如下。要了解每个标签的含义，请使用 spaCy 的 explain 函数，它显示了标签的含义：

```
I          nsubj    nominal subject
have       aux      auxiliary
seldom     advmod           adverbial modifier
heard      ROOT     None
him        nsubj    nominal subject
mention             ccomp    clausal complement
her        dobj     direct object
under      prep     prepositional modifier
any        det      determiner
other      amod     adjectival modifier
name       pobj     object of preposition
.          punct    punctuation
```

7. 为了探索依存句法结构，我们可以使用 Token 类的属性。使用它的 ancestors 和 children 属性，我们可以分别得到这个标记所依赖的标记和依赖它的标记。获取这些祖先节点的代码如下：

```
for token in doc:
    print(token.text)
    ancestors = [t.text for t in token.ancestors]
    print(ancestors)
```

输出如下：

```
I
['heard']
have
['heard']
seldom
['heard']
heard
[]
him
['mention', 'heard']
mention
```

```
['heard']
```
```
her
```
```
['mention', 'heard']
```
```
under
```
```
['mention', 'heard']
```
```
any
```
```
['name', 'under', 'mention', 'heard']
```
```
other
```
```
['name', 'under', 'mention', 'heard']
```
```
name
```
```
['under', 'mention', 'heard']
```
```
.
```
```
['heard']
```

8. 要查看所有 children token，请使用以下代码：

```
for token in doc:
    print(token.text)
    children = [t.text for t in token.children]
    print(children)
```

9. 输出如下：

```
I
```
```
[]
```
```
have
```
```
[]
```
```
seldom
```
```
[]
```
```
heard
```
```
['I', 'have', 'seldom', 'mention', '.']
```
```
him
```
```
[]
```
```
mention
```
```
['him', 'her', 'under']
```
```
her
```
```
[]
```
```
under
```
```
['name']
```
```
any
```

```
[]
other
[]
name
['any', 'other']
.
[]
```

10. 我们还可以看到标记所在的子树：

```
for token in doc:
    print(token.text)
    subtree = [t.text for t in token.subtree]
    print(subtree)
```

这将产生以下输出：

```
I
['I']
have
['have']
seldom
['seldom']
heard
['I', 'have', 'seldom', 'heard', 'him', 'mention', 'her',
'under', 'any', 'other', 'name', '.']
him
['him']
mention
['him', 'mention', 'her', 'under', 'any', 'other',
'name']
her
['her']
under
['under', 'any', 'other', 'name']
any
['any']
other
['other']
name
['any', 'other', 'name']
```

```
.
['.']
```

● 它是如何工作的…

spaCy NLP 引擎将依存句法作为其整体分析的一部分。依存句法标签解释了每个词在句子中的作用。ROOT 是所有其他词所依赖的主要词，通常是动词。

从每个单词所属的子树中，我们可以看到句子中出现的语法短语，例如**名词短语（NP）** "any other name" 和**介词短语（PP）** "under any other name"。

通过跟踪每个单词的祖先节点链接可以看到依赖链。例如，如果我们查看 name 这个词，我们会看到它的祖先节点是 under、mention 和 heard。name 的直接父节点是 under，under 的父节点是 mention，并且 mention 的父节点是 heard。依赖链总是指向句子的词根或主词。

在步骤 1 中，我们导入 spaCy 包。在步骤 2 中，我们初始化变量句子，它包含要解析的句子。在步骤 3 中，我们加载了 spaCy 引擎。在步骤 4 中，我们使用引擎来处理句子。

在步骤 5 中，我们打印出每个标记的依赖标签并使用 spacy. explain 函数查看这些标签的含义。

在步骤 6 中，我们打印出每个标记的祖先节点。祖先节点将从父节点开始，一直向上直至到达根节点。例如，him 的父节点是 mention，mention 的父节点是 heard，所以 mention 和 heard 都被列为 him 的祖先节点。

在步骤 7 中，我们打印每个标记的子节点。一些标记，例如 have，没有任何子节点，而另一些则有几个。除非句子由一个词组成，否则总是有子节点的标记是句子的词根；在这个例子中是 heard。

在步骤 8 中，我们为每个标记打印子树。例如，单词 under 位于 "under any other name" 的子树中。

● 请参阅

依存句法可以使用 displacy 包以图形方式可视化，它是 spaCy 的一部分。请参阅第 8 章 "可视化文本数据"，了解如何执行可视化的详细方法。

2.4　将句子拆分为从句

当我们处理文本时，我们经常处理复合句（具有同等重要的两个部分的句子）和复杂的句子（一个部分依赖于另一个部分的句子）。有时将这些复合句拆分为其组成子句是有用的，以便更容易地进行后续处理。这个专题使用了上一个专题中的依存句法。

- **准备**

这个专题中您只需要 spaCy 包。

- **怎么做…**

我们将用两句话 "He eats cheese, but he won't eat ice cream" 和 "If it rains later, we won't be able to go to the park"。其他句子可能会变得更难处理，我把它留给您拆分这些句子作为练习。遵循以下步骤:

1. 导入 spacy 包:

```
import spacy
```

2. 加载 spacy 引擎:

```
nlp = spacy.load('en_core_web_sm')
```

3. 将句子设置为 "He eats cheese, but he won't eat ice cream":

```
sentence = "He eats cheese, but he won't eat ice cream."
```

4. 用 spacy 引擎处理句子:

```
doc = nlp(sentence)
```

5. 通过打印出每个标记的词性、依赖标签、祖先节点和子节点来查看输入句子的结构是有益的。这可以使用以下代码完成:

```
for token in doc:
    ancestors = [t.text for t in token.ancestors]
    children = [t.text for t in token.children]
    print(token.text, "\t", token.i, "\t",
        token.pos_, "\t", token.dep_, "\t",
        ancestors, "\t", children)
```

6. 我们将使用以下函数来查找句子的词根节点标记，通常是主要动词。在有从句的情况下，它是独立从句的动词:

```
def find_root_of_sentence(doc):
    root_token = None
    for token in doc:
        if (token.dep_ == "ROOT"):
            root_token = token
    return root_token
```

7. 我们现在将找到句子的词根节点标记:

```
root_token = find_root_of_sentence(doc)
```

8. 我们现在可以使用以下函数来查找句子中的其他动词：

```
def find_other_verbs(doc, root_token):
    other_verbs = []
    for token in doc:
        ancestors = list(token.ancestors)
        if (token.pos_ == "VERB" and len(ancestors) == 1\
            and ancestors[0] == root_token):
            other_verbs.append(token)
    return other_verbs
```

9. 使用前面的函数查找句子中剩余的动词：

```
other_verbs = find_other_verbs(doc, root_token)
```

我们将使用以下函数来查找每个动词的标记跨度：

```
def get_clause_token_span_for_verb(verb, doc, all_verbs):
    first_token_index = len(doc)
    last_token_index = 0
    this_verb_children = list(verb.children)
    for child in this_verb_children:
        if (child not in all_verbs):
            if (child.i < first_token_index):
                first_token_index = child.i
            if (child.i > last_token_index):
                last_token_index = child.i
    return(first_token_index, last_token_index)
```

10. 我们将把所有动词放在一个数组中，并使用前面的函数处理每个动词。这将为每个动词的子句返回一个开始和结束索引的元组：

```
token_spans = []
all_verbs = [root_token] + other_verbs
for other_verb in all_verbs:
    (first_token_index, last_token_index) = \
    get_clause_token_span_for_verb(other_verb,
                                   doc, all_verbs)
    token_spans.append((first_token_index,
                        last_token_index))
```

11. 使用开始和结束索引，我们现在可以将每个子句的标记跨度放在一起。我们在最后对 sentence_clauses 列表进行排序，以便从句按它们在句子中出现的顺序排列：

```
sentence_clauses = []
for token_span in token_spans:
    start = token_span[0]
    end = token_span[1]
    if (start < end):
        clause = doc[start:end]
        sentence_clauses.append(clause)
sentence_clauses = sorted(sentence_clauses,
                          key=lambda tup: tup[0])
```

12. 现在，我们可以打印初始句子的最终处理结果；也就是，"He eats cheese, but he won't eat ice cream"：

```
clauses_text = [clause.text for clause in sentence_
clauses]
print(clauses_text)
```

13. 结果如下：

```
['He eats cheese,', 'he won't eat ice cream']
```

重要提示

本节中的代码适用于某些情况，但不适用于其他情况；我鼓励您在不同的情况下对其进行测试并修改代码。

● 它是如何工作的…

代码的工作方式基于复杂句和复合句的结构方式。每个子句包含一个动词，其中一个动词是句子的主要动词（词根）。代码查找词根动词，在 spaCy 处理中总是标有 ROOT 依赖标签，然后查找句子中的其他动词。

然后，代码使用有关每个动词子节点的信息来查找子句的左右边界。使用此信息，然后代码构造子句的文本。以下是分步说明。

在步骤 1 中，我们导入了 spaCy 包。在步骤 2 中，我们加载了 spaCy 引擎。在步骤 3 中，我们设置了句子变量。在步骤 4 中，我们使用 spaCy 引擎处理它。在步骤 5 中，我们打印出依存句法信息，它将帮助我们确定如何将句子拆分为子句。

在步骤 6 中，我们定义了 find_root_of_sentence 函数，该函数返回具有 ROOT 依赖标签的 token。在步骤 7 中，我们找到用作示例的句子的词根。

在步骤 8 中，我们定义了 find_other_verbs 函数，该函数将查找句子中的其他动词。在这个函数中，我们寻找具有 VERB 词性标签的标记并且将词根标记作为其唯一祖先。在步骤 9 中，我们应用此函数。

在步骤 10 中，我们定义了 get_clause_token_span_for_verb 函数，它将找到动词的开始和结束索引。该函数遍历动词的所有子节点；最左边的子节点的索引是开始索引，而最右边的子节点的索引是这个动词子句的结束索引。

在步骤 11 中，我们使用前面的函数来查找每个动词的子句索引。token_spans 变量包含元组列表，其中第一个元组元素是开始子句索引，第二个元组元素是结束子句索引。

在步骤 12 中，我们使用在步骤 11 中创建的开始和结束索引对列表为句子中的每个子句创建标记 Span 对象。我们通过对 Doc 对象进行切片，然后将生成的 Span 对象附加到列表中来获得 Span 对象。作为最后一步，我们对列表进行排序，以确保列表中的子句与句子中的顺序相同。

在步骤 13 中，我们打印句子中的子句。您会注意到 but 这个词是缺少的，因为它的父节点是词根动词 eats，尽管它出现在另一个子句中。包括 but 的练习留给您。

2.5　提取名词块

名词块在语言学中被称为名词短语。它们代表名词以及任何依赖于名词和伴随名词的词。例如，在句子 "The big red apple fell on the scared cat" 中，名词块是 big red apple 和 the scared cat。提取这些名词块有助于许多其他下游 NLP 任务，例如命名实体识别和处理实体以及它们之间的关系。在这个专题中，我们将探索如何从一段文本中提取命名实体。

● 准备

我们将使用 spaCy 包作为示例，它具有从 sherlock_holmes_1.txt 文件中提取名词块和文本的功能。

● 怎么做…

使用以下步骤从一段文本中获取名词块：

1. 从第 1 章的代码文件中导入 spacy 包和 read_text_file 函数：

```
import spacy
from Chapter01.dividing_into_sentences import read_text_
file
```

重要提示

如果要从其他章节导入函数，请从 Chapter02 之前的目录运行它，并使用 python-m Chapter02.extract_noun_chunks 命令。

2. 读入 sherlock_holmes_1.txt 文件：

```
text = read_text_file("sherlock_holmes_1.txt")
```

3. 初始化 spacy 引擎，然后使用它来处理文本：

```
nlp = spacy.load('en_core_web_md')
doc = nlp(text)
```

4. 名词块包含在 doc.noun_chunks 类变量中。我们可以打印出块：

```
for noun_chunk in doc.noun_chunks:
    print(noun_chunk.text)
```

这是部分结果。有关完整打印输出，请参见本书的 GitHub 存储库，可在 Chapter02/all_text_noun_chunks. txt 文件中找到：

```
Sherlock Holmes
she
the_ woman
I
him
her
any other name
his eyes
she
the whole
...
```

● 它是如何工作的…

spaCy Doc 对象，正如我们在前面的专题中看到的，包含有关句子中单词之间的语法关系的信息。使用这些信息，spaCy 确定文本中包含的名词短语或块。

在步骤 1 中，我们从 Chapter01 模块中导入 spacy 和 read_text_file 函数。在步骤 2 中，我们读入了 sherlock_holmes_1. txt 文件中的文本。

在步骤 3 中，我们使用不同的模型 en_core_web_md 初始化 spaCy 引擎，该模型更大并且很可能会给出更好的结果。还有一个更大的模型 en_core_web_lg，它会提供更好的结果，但处理速度会更慢。加载引擎后，我们在步骤 2 中加载的文本上运行它。

在步骤 4 中，我们打印出在文本中出现的名词块。如您所见，它可以正确获取文本中的代词、名词和名词短语。

● 还有更多…

名词块是 spaCy Span 对象并且具有它们的所有属性。请参阅 https://spacy. io/api/token 上的官方文档。

让我们探索名词块的一些属性：

1. 导入 spacy 包:

```
import spacy
```

2. 加载 spacy 引擎:

```
nlp = spacy.load('en_core_web_sm')
```

3. 将句子设置为 All emotions, and that one particularly, were abhorrent to his cold, precise but admirably balanced mind:

```
sentence = "All emotions, and that one particularly, were
abhorrent to his cold, precise but admirably balanced
mind."
```

4. 用 spacy 引擎处理句子:

```
doc = nlp(sentence)
```

5. 让我们看一下这句话中的名词块:

```
for noun_chunk in doc.noun_chunks:
    print(noun_chunk.text)
```

6. 这是结果:

```
All emotions
his cold, precise but admirably balanced mind
```

7. 名词块的一些基本属性是它的开始和结束偏移; 我们可以将它们与名词块一起打印出来:

```
for noun_chunk in doc.noun_chunks:
    print(noun_chunk.text, "\t", noun_chunk.start, "\t",
        noun_chunk.end)
```

结果如下:

```
All emotions       0       2
his cold, precise but admirably balanced mind     11
19
```

8. 我们还可以打印出名词块所属的句子:

```
for noun_chunk in doc.noun_chunks:
    print(noun_chunk.text, "\t", noun_chunk.sent)
```

可以预见, 这会导致以下结果:

```
All emotions      All emotions, and that one particularly,
were abhorrent to his cold, precise but admirably
balanced mind.

his cold, precise but admirably balanced mind     All
emotions, and that one particularly, were abhorrent to
his cold, precise but admirably balanced mind.
```

9. 就像句子一样，任何名词块都包含一个词根，它是所有其他标记所依赖的标记。在名词短语中，这就是名词：

```
for noun_chunk in doc.noun_chunks:
    print(noun_chunk.text, "\t", noun_chunk.root.text)
```

10. 结果如下：

```
All emotions      emotions
his cold, precise but admirably balanced mind      mind
```

11. Span 的另一个非常有用的属性是 similarity，即不同文本的语义相似度。让我们试试看。我们将加载另一个名词块，emotions，并使用 spacy 处理它：

```
other_span = "emotions"
other_doc = nlp(other_span)
```

12. 我们现在可以使用以下代码将其与句子中的名词块进行比较：

```
for noun_chunk in doc.noun_chunks:
    print(noun_chunk.similarity(other_doc))
```

这是结果：

```
UserWarning: [W007] The model you're using has no word
vectors loaded, so the result of the Span.similarity
method will be based on the tagger, parser and NER, which
may not give useful similarity judgements. This may
happen if you're using one of the small models, e.g. `en_
core_web_sm`, which don't ship with word vectors and only
use context-sensitive tensors. You can always add your
own word vectors, or use one of the larger models instead
if available.
  print(noun_chunk.similarity(other_doc))
All emotions
0.373233604751925
his cold, precise but admirably balanced mind
0.030945358271699138
```

13. 虽然结果是有道理的，all emotions 都更类似于 emotions，而不是 his cold, precise but admirably balanced mind，我们得到了一个警告。为了解决这个问题，我们将使用中等 spacy 模型，它包含单词的向量表示。将此行替换为步骤 2 中的行；其余代码将保持不变：

```
nlp = spacy.load('en_core_web_md')
```

14. 现在，当我们使用新模型运行此代码时，我们得到以下结果：

```
All emotions
0.8876554549427152
that one
```

```
0.37378867755652434
his cold, precise but admirably balanced mind
0.5102475977383759
```

结果显示，all emotions 与 emotions 的相似度都非常高，为 0.89，与 his cold, precise but admirably balanced mind 的相似度为 0.51。我们还可以看到较大的模型检测到另一个名词块，that one。

> **重要提示**
>
> 更大的 spaCy 模型，例如 en_core_web_md，占用更多空间，但更精确。

● 请参阅

语义相似性的主题将在第 3 章"表示文本——捕获语义"中进行更详细的探讨。

2.6 提取实体和关系

可以从知识图谱经常使用的文档中提取主语实体-关系-宾语实体的三元组。然后可以分析这些三元组，以获得进一步的关系并通知其他 NLP 任务，例如搜索。

● 准备

对于这个专题，我们将需要另一个基于 spaCy 的 Python 包，称为 textacy。这个包的主要优点是它允许正则表达式基于词性标签搜索标记。有关详细信息，请参阅本章开头的技术要求部分中的安装说明。

● 怎么做…

我们将找到文本中的所有动词短语，以及所有名词短语（参见上一节）。然后，将找到与特定动词短语相关的左侧名词短语（主语）和右侧名词短语（宾语）。我们将使用两个简单的句子，All living things are made of cells 和 Cells have organelles。遵循以下步骤：

1. 导入 spacy 和 textacy：

```
import spacy
import textacy
from Chapter02.split_into_clauses import find_root_of_
sentence
```

2. 加载 spacy 引擎：

```
nlp = spacy.load('en_core_web_sm')
```

3. 我们将获得待处理的句子列表：

```
sentences = ["All living things are made of cells.",
             "Cells have organelles."]
```

4. 为了找到动词短语，我们需要为构成动词短语的单词的词性组合编译出类似正则表达式的模式。如果我们打印出前面两个句子的动词短语的词性，are made of 和 have，我们会看到词性序列是 AUX、VERB、ADP 和 AUX。

```
verb_patterns = [[{"POS":"AUX"}, {"POS":"VERB"},
                  {"POS":"ADP"}],
                 [{"POS":"AUX"}]]
```

5. contains_root 函数检查动词短语是否包含句子的词根：

```
def contains_root(verb_phrase, root):
    vp_start = verb_phrase.start
    vp_end = verb_phrase.end
    if (root.i >= vp_start and root.i <= vp_end):
        return True
    else:
        return False
```

6. get_verb_phrases 函数从 spacy Doc 对象中获取动词短语：

```
def get_verb_phrases(doc):
    root = find_root_of_sentence(doc)
    verb_phrases = textacy.extract.matches(doc,
                                           verb_patterns)
    new_vps = []
    for verb_phrase in verb_phrases:
        if (contains_root(verb_phrase, root)):
            new_vps.append(verb_phrase)
    return new_vps
```

7. longer_verb_phrase 函数查找最长的动词短语：

```
def longer_verb_phrase(verb_phrases):
    longest_length = 0
    longest_verb_phrase = None
    for verb_phrase in verb_phrases:
        if len(verb_phrase) > longest_length:
            longest_verb_phrase = verb_phrase
    return longest_verb_phrase
```

8. find_noun_phrase 函数将在主要动词短语的左侧或右侧查找名词短语：

```python
def find_noun_phrase(verb_phrase, noun_phrases, side):
    for noun_phrase in noun_phrases:
        if (side == "left" and \
            noun_phrase.start < verb_phrase.start):
            return noun_phrase
        elif (side == "right" and \
              noun_phrase.start > verb_phrase.start):
            return noun_phrase
```

9. 在这个函数中，我们将使用前面的函数来查找句子中主语-关系-宾语的三元组：

```python
def find_triplet(sentence):
    doc = nlp(sentence)
    verb_phrases = get_verb_phrases(doc)
    noun_phrases = doc.noun_chunks
    verb_phrase = None
    if (len(verb_phrases) > 1):
        verb_phrase = \
            longer_verb_phrase(list(verb_phrases))
    else:
        verb_phrase = verb_phrases[0]
    left_noun_phrase = find_noun_phrase(verb_phrase,
                                        noun_phrases,
                                        "left")
    right_noun_phrase = find_noun_phrase(verb_phrase,
                                         noun_phrases,
                                         "right")
    return (left_noun_phrase, verb_phrase,
            right_noun_phrase)
```

10. 我们现在可以遍历句子列表以找到它的关系三元组：

```python
for sentence in sentences:
    (left_np, vp, right_np) = find_triplet(sentence)
    print(left_np, "\t", vp, "\t", right_np)
```

11. 结果如下：

```
All living things        are made of      cells
Cells     have      organelles
```

● 它是如何工作的…

该代码通过查找词根动词短语并查找其周围的名词来查找主语-关系-宾语的三元组。动词短语是使用 textacy 包找到的，它提供了一个非常有用的工具来查找某些词性的单词模式。实际上，我们可以用它来编写描述必要短语的小语法。

> **重要提示**
>
> textacy 包虽然非常有用，但并非没有错误，因此请谨慎使用。

找到动词短语后，我们可以修剪句子名词块以找到包含词根的动词短语周围的名词块。以下是分步说明。

在步骤 1 中，我们从上一个专题中导入必要的包和 find_root_of_sentence 函数。在步骤 2 中，我们初始化了 spaCy 引擎。在步骤 3 中，我们用将使用的句子初始化了一个列表。

在步骤 4 中，我们编译将用于查找关系的词性模式。对于这两个句子，模式是 AUX、VERB、ADP 和 AUX。

在步骤 5 中，我们创建 contains_root 函数，该函数将确保动词短语包含句子的词根。它通过检查词根的索引并确保它落在动词短语跨度边界内来做到这一点。

在步骤 6 中，我们创建了 get_verb_phrases 函数，它从传入的 Doc 对象中提取所有动词短语。它使用我们在步骤 4 中创建的词性模式。

在步骤 7 中，我们创建了 longer_verb_phrase 函数，它将从列表中找到最长的动词短语。我们这样做是因为一些动词短语可能比必要的短。例如，在句子 "All living things are made of cells" 中，are 和 are made of 都将被发现。

在步骤 8 中，我们创建了 find_noun_phrase 函数，它会在动词的任一侧查找名词短语。我们将侧别指定为参数。

在步骤 9 中，我们创建了 find_triplet 函数，该函数将在句子中查找主语-关系-宾语的三元组。在这个函数中，首先，我们用 spaCy 处理句子。然后，我们使用前面步骤中定义的函数来查找最长的动词短语及其左右两侧的名词。

在步骤 10 中，我们将 find_triplet 函数应用于在开头定义的两个句子。三元组结果是正确的。

在这个专题中，我们做了一些并不总是正确的假设。第一个假设是只有一个主要动词短语。第二个假设是动词短语的两侧都有一个名词块。一旦我们开始处理复杂或复合的句子，或包含关系从句，这些假设就不再成立。我把它作为练习让您处理更复杂的案例。

● 还有更多…

解析出实体和关系后，您可能希望将它们输入知识图谱中以供进一步使用。您可以使用多种工具来处理知识图谱，例如 neo4j。

2.7 提取句子的主语和宾语

有时，我们可能需要找到句子的主语和直接宾语，这可以通过 spaCy 包轻松完成。

- **准备**

我们将使用 spaCy 的依赖标签来查找主语和宾语。

- **怎么做…**

我们将使用标记的 subtree 属性来查找作为动词主语或直接宾语的完整名词块（有关更多信息，请参阅"获取依存句法"专题）。让我们开始吧：

1. 导入 spacy：

```
import spacy
```

2. 加载 spacy 引擎：

```
nlp = spacy.load('en_core_web_sm')
```

3. 我们将得到待处理的句子列表：

```
sentences=["The big black cat stared at the small dog.",
           "Jane watched her brother in the evenings."]
```

4. 我们将使用两个函数来查找句子的主语和直接宾语。这些函数将循环遍历标记，并返回在依赖标签中分别带有 subj 或 dobj 的标记所在的子树。这是主语函数：

```
def get_subject_phrase(doc):
    for token in doc:
        if ("subj" in token.dep_):
            subtree = list(token.subtree)
            start = subtree[0].i
            end = subtree[-1].i + 1
            return doc[start:end]
```

5. 这是直接宾语函数。如果句子没有直接宾语，它将返回 None：

```
def get_object_phrase(doc):
    for token in doc:
        if ("dobj" in token.dep_):
            subtree = list(token.subtree)
            start = subtree[0].i
            end = subtree[-1].i + 1
            return doc[start:end]
```

6. 我们现在可以遍历句子并打印出它们的主语和宾语：

```
for sentence in sentences:
    doc = nlp(sentence)
    subject_phrase = get_subject_phrase(doc)
    object_phrase = get_object_phrase(doc)
    print(subject_phrase)
    print(object_phrase)
```

结果如下。由于第一句没有直接宾语，所以打印出 None：

```
The big black cat
None
Jane
her brother
```

● 它是如何工作的…

该代码使用 spaCy 引擎来解析句子。然后，主语函数循环遍历标记，如果依赖标签包含 subj，则返回该标记的子树，它是一个 Span 对象。有不同的主语标记，包括用于常规主语的 nsubj 和用于被动句主语的 nsubjpass，因此我们想同时查找两者。

object 函数的工作方式与 subject 函数完全相同，除了它可以查找在其依赖标签中具有 dobj（直接宾语）的标记。由于并非所有句子都有直接宾语，因此在这些情况下它返回 None 。

在步骤 1 中，我们导入 spaCy。在步骤 2 中，我们加载 spaCy 引擎。在步骤 3 中，我们用将要处理的句子初始化一个列表。

在步骤 4 中，我们创建了 get_subject_phrase 函数，它获取句子的主语。它查找依赖标签中具有 subj 的标记，然后返回包含该标记的子树。有几个主语依赖标签，包括 nsubj 和 nsubjpass（用于被动句的主语），所以我们寻找最通用的模式。

在步骤 5 中，我们创建了 get_object_phrase 函数，它获取句子的直接宾语。它的工作方式与 get_subject_phrase 类似，但查找 dobj 依赖标签而不是包含 "subj" 的标签。

在步骤 6 中，我们循环遍历在步骤 3 中创建的句子列表，并使用前面的函数找到句子中的主语和直接宾语。对于句子 "The big black cat stared at the small dog"，主语是 "the big black cat"，没有直接宾语（the small dog 是介词 at 的宾语）。对于 "Jane watched her brother in the evenings" 这句话，主语是 Jane，直接宾语是 her brother。

● 还有更多…

我们可以寻找其他宾语，例如动词（如 give）的与格宾语和介词短语的宾语。这些函数看起来非常相似，主要区别在于依赖标签，即 dative 表示与格宾语函数，而 pobj 表示介词宾语函数。介词宾语函数将返回一个列表，因为一个句子中可以有多个介词短语。让我们来看看：

1. 与格宾语函数检查 dative 标签的标记。如果没有与格宾语，则返回 None：

```
def get_dative_phrase(doc):
    for token in doc:
        if ("dative" in token.dep_):
            subtree = list(token.subtree)
            start = subtree[0].i
            end = subtree[-1].i + 1
            return doc[start:end]
```

2. 这是介词宾语函数。它返回一个介词宾语列表，但如果没有则为空：

```
def get_prepositional_phrase_objs(doc):
    prep_spans = []
    for token in doc:
        if ("pobj" in token.dep_):
            subtree = list(token.subtree)
            start = subtree[0].i
            end = subtree[-1].i + 1
            prep_spans.append(doc[start:end])
    return prep_spans
```

3. 句子 "Jane watched her brother in the evenings" 中的介词短语宾语如下：

```
[the evenings]
```

4. 这是句子 "Laura gave Sam a very interesting book" 中的与格宾语：

```
Sam
```

作为练习，您可以找到带有完整介词的实际介词短语，而不仅仅是依赖于这些介词的名词短语。

2.8　寻找引用——指代消解

当我们处理从文本中提取实体和关系的问题时（请参阅 "提取实体和关系" 专题），会面临真实的文本，许多实体最终可能会被提取为代词，例如 she 或 him。为了解决这个问题，我们需要执行指代消解，或者用它们的引用替换代词的过程。

● **准备**

对于此任务，我们将使用 Hugging Face 编写的 spaCy 扩展程序，名为 neuralcoref（请参阅 https://github. com/huggingface/neuralcoref）。顾名思义，它使用神经网络来解析代词。要安装软件包，请使用以下命令：

```
pip install neuralcoref
```

● 怎么做…

步骤格式如下所示：

1. 导入 spacy 和 neuralcoref：

```
import spacy
import neuralcoref
```

2. 加载 spacy 引擎并向其流程添加 neuralcoref：

```
nlp = spacy.load('en_core_web_sm')
neuralcoref.add_to_pipe(nlp)
```

3. 我们将处理以下短文本：

```
text = "Earlier this year, Olga appeared on a new song.
She was featured on one of the tracks. The singer is
assuring that her next album will be worth the wait."
```

4. 现在 neuralcoref 是流程的一部分，我们只需使用 spacy 处理文本，然后输出结果：

```
doc = nlp(text)
print(doc._.coref_resolved)
```

输出如下：

```
Earlier this year, Olga appeared on a new song. Olga was
featured on one of the tracks. Olga is assuring that Olga
next album will be worth the wait.
```

● 它是如何工作的…

在步骤 1 中，我们导入必要的包。在步骤 2 中，我们加载 spacy 引擎，然后将 neuralcoref 添加到其流程中。在步骤 3 中，我们用将要使用的短文本初始化 text 变量。

在步骤 4 中，我们使用 spacy 引擎处理文本，然后将代词解析后的文本打印出来。您可以看到代词 she 和 her，甚至短语 The singer，都正确地替换为 Olga 这个名字。

neuralcoref 包使用自定义 spaCy 属性，这些属性是通过使用下划线和属性名称设置的。coref_resolved 变量是在 Doc 对象上设置的自定义属性。要了解有关 spaCy 自定义属性的更多信息，请参阅 https://spacy. io/usage/processing-pipelines#custom-components-attributes。

● 还有更多…

neuralcoref 包在识别上一节中对 Olga 的不同引用方面做得很好。但是，如果我们使用一个不寻常的名称，它可能无法正常工作。在这里，我们使用 Hugging Face GitHub 中的示例：

1. 让我们使用以下短文本：

```
text = "Deepika has a dog. She loves him. The movie star
has always been fond of animals."
```

2. 使用前面的代码处理此文本后，我们得到以下输出：

```
Deepika has a dog. Deepika loves Deepika. Deepika has
always been fond of animals.
```

3. 因为 Deepika 这个名字是一个不寻常的名字，模型很难弄清楚这个人是男人还是女人，并将代词 him 解析为 Deepika，尽管它是不正确的。为了解决这个问题，我们可以通过描述 Deepika 到底是谁来帮助它解决这个问题。我们将 neuralcoref 添加到 spacy 流程中，如下所示：

```
neuralcoref.add_to_pipe(nlp, conv_dict={'Deepika':
['woman']})
```

4. 现在，让我们像之前一样处理结果：

```
doc = nlp(text)
print(doc._.coref_resolved)
```

输出如下：

```
Deepika has a dog. Deepika loves a dog. Deepika has
always been fond of animals.
```

一旦我们给指代消解模块更多的信息，它就会给出正确的输出。

第 3 章
表示文本——捕获语义

以一种计算机可以理解的形式表示单词、短语和句子的含义是 NLP 处理的支柱之一。例如，机器学习将每个数据点表示为一个固定大小的向量，我们面临着如何将单词和句子转换为向量的问题。几乎所有 NLP 任务开始都会用某种数字形式表示文本，本章将展示文本表示的几种方式。一旦您学会了如何将文本表示为向量，您将能够执行分类等任务，这将在后面的章节中描述。

我们还将学习如何将例如炸鸡这样的短语转换为向量，如何训练 word2vec 模型，以及如何创建一个带有语义搜索的小型搜索引擎。

本章将介绍以下专题：

- 将文档放入词袋中
- 构建 n-gram 模型
- 用 TF-IDF 表示文本
- 使用词嵌入
- 训练您自己的嵌入模型
- 表示短语——phrase2vec
- 使用 BERT 代替词嵌入
- 开始使用语义搜索

让我们开始吧!

3.1 技术要求

本章代码位于 https://github.com/PacktPublishing/Python-Natural-Language-Processing-Cookbook/tree/master/Chapter03。在本章中，我们将需要额外的包。使用 Anaconda 的安装说明如下：

```
pip install sklearn
pip install gensim
pip install pickle
```

```
pip install langdetect
conda install pytorch torchvision cudatoolkit=10.2 -c pytorch
pip install transformers
pip install -U sentence-transformers
pip install whoosh
```

此外，我们将使用下面网址中的模型和数据集：

- http://vectors.nlpl.eu/repository/20/40.zip
- https://www.kaggle.com/currie32/project-gutenbergs-top-20-books
- https://www.yelp.com/dataset
- https://www.kaggle.com/PromptCloudHQ/imdb-data

3.2　将文档放入词袋中

词袋是表示文本的最简单方式。我们将文本视为一个文档集合，其中文档是从句子到书籍章节再到整个图书的任何内容。由于我们通常将不同的文档相互比较或在其他文档的更大上下文中使用它们，因此通常我们使用文档集合，而不仅仅是单个文档。

词袋方法使用一个训练文本，该文本为它提供了一个它应该考虑的单词列表。在编码新句子时，它会计算每个单词在文档中出现的次数，最终向量包括词汇表中每个单词的计数。然后可以将此表示输入机器学习算法。

什么代表文档的决定权在于工程师，在许多情况下一目了然。例如，如果您正在将推文分类为属于特定主题，单个推文将成为您的文档。另一方面，如果您想找出一本书中的哪些章节与您已经读过的书最相似，那么章节就是文档。

在这个专题中，我们将为 Sherlock Holmes 文本的开头创建一个词袋。我们的文档将是文本中的句子。

● 准备

对于这个专题，我们将使用 sklearn 包中的 CountVectorizer 类。要安装软件包，请使用以下命令：

```
pip install sklearn
```

让我们开始吧。

● 怎么做…

我们的代码将采用一组文档—句子，在这种情况下把它们表示为向量矩阵。我们将使用文件 sherlock_holmes_1.txt 来完成此任务：

1. 导入第 1 章 "学习 NLP 基础知识" 中的 CountVectorizer 类和辅助函数：

```
from sklearn.feature_extraction.text import
CountVectorizer
```

```
from Chapter01.dividing_into_sentences import read_text_
file,\
```

```
preprocess_text, divide_into_sentences_nltk
```

2. 定义 get_sentences 函数，该函数会读入文本文件，预处理文本，并将其分成句子：

```
def get_sentences(filename):
    sherlock_holmes_text = read_text_file(filename)
    sherlock_holmes_text = \
    preprocess_text(sherlock_holmes_text)
    sentences = \
    divide_into_sentences_nltk(sherlock_holmes_text)
    return sentences
```

3. 创建一个返回向量化器和最终矩阵的函数：

```
def create_vectorizer(sentences):
    vectorizer = CountVectorizer()
    X = vectorizer.fit_transform(sentences)
    return (vectorizer, X)
```

4. 现在，在 sherlock_holmes_1.txt 文件上使用上述函数：

```
sentences = get_sentences("sherlock_holmes_1.txt")
(vectorizer, X) = create_vectorizer(sentences)
```

5. 我们现在打印文本的矩阵形式：

```
print(X)
```

6. 打印结果是一个 scipy. sparse. csr. csr_matrix 对象，并且其打印输出的开头如下所示：

```
(0, 114)        1
(0, 99)         1
(0, 47)         1
(0, 98)         1
(0, 54)         1
(0, 10)         1
(0, 0)          1
(0, 124)        1
…
```

7. 它也可以变成一个 numpy. matrixlib. defmatrix. matrix 对象，其中每个句子都是一个向量。这些句子向量稍后可以与我们的机器学习算法一起使用：

```
denseX = X.todense()
```

8. 让我们打印结果矩阵：

```
print(denseX)
```

9. 它的打印输出如下所示：

```
[[1 0 0 ... 0 0 0]
 [0 0 0 ... 0 0 0]
 [0 0 0 ... 0 0 0]
 ...
 [0 0 0 ... 0 0 0]
 [0 0 0 ... 0 1 0]
 [0 0 0 ... 0 0 1]]
```

10. 我们可以看到文档集中使用的所有单词：

```
print(vectorizer.get_feature_names())
```

11. 结果如下：

```
['_the_', 'abhorrent', 'actions', 'adjusted', 'adler',
 'admirable', 'admirably', 'admit', 'akin', 'all',
 'always', 'and', 'any', 'as', 'balanced', 'be',
 'but', 'cold', 'crack', 'delicate', 'distracting',
 'disturbing', 'doubt', 'drawing', 'dubious', 'eclipses',
 'emotion', 'emotions', 'excellent', 'eyes', 'factor',
 'false', 'felt', 'finely', 'for', 'from', 'gibe',
 'grit', 'has', 'have', 'he', 'heard', 'her', 'high',
 'him', 'himself', 'his', 'holmes', 'in', 'instrument',
 'into', 'introduce', 'intrusions', 'irene', 'is',
 'it', 'late', 'lenses', 'love', 'lover', 'machine',
 'memory', 'men', 'mental', 'mention', 'might', 'mind',
 'more', 'most', 'motives', 'name', 'nature', 'never',
 'not', 'observer', 'observing', 'of', 'one', 'or',
 'other', 'own', 'particularly', 'passions', 'perfect',
 'placed', 'position', 'power', 'precise', 'predominates',
 'questionable', 'reasoner', 'reasoning', 'results',
 'save', 'seen', 'seldom', 'sensitive', 'sex', 'she',
 'sherlock', 'sneer', 'softer', 'spoke', 'strong', 'such',
 'take', 'temperament', 'than', 'that', 'the', 'there',
 'they', 'things', 'throw', 'to', 'trained', 'under',
 'upon', 'veil', 'was', 'were', 'which', 'whole', 'with',
 'woman', 'world', 'would', 'yet']
```

12. 我们现在还可以使用 CountVectorizer 对象来表示新句子不在原始文档集中。我们将使用句子 "I had seen little of Holmes lately"，这是 sherlock_holmes_1. txt 节选后的下一句话。转换函数需要一个文档列表，所以我们将创建一个以句子为唯一元素的新列表：

```
new_sentence = "I had seen little of Holmes lately."
new_sentence_vector = vectorizer.transform([new_
sentence])
```

13. 我们现在可以打印这个新句子的稀疏和稠密矩阵：

```
print(new_sentence_vector)
```

```
print(new_sentence_vector.todense())
```

14. 结果如下：

```
   (0, 47)        1
   (0, 76)        1
   (0, 94)        1
[[0 0 0 0 0 0 0 0 0 0 0 0 0 0 0 0 0 0 0 0 0 0 0 0 0 0 0 0
0 0 0 0 0 0 0
   0 0 0 0 0 0 0 0 0 0 0 1 0 0 0 0 0 0 0 0 0 0 0 0 0 0 0 0
0 0 0 0 0 0 0
   0 0 0 1 0 0 0 0 0 0 0 0 0 0 0 0 0 0 0 0 0 1 0 0 0 0 0
0 0 0 0 0 0 0 0
   0 0 0 0 0 0 0 0 0 0 0 0 0 0 0 0 0 0 0]]
```

> **重要提示**
>
> 当运行本书的 GitHub 存储库中的代码时，用类似于 python-m Chapter03. bag_of_words 命令运行。这将确保您从前几章导入的代码工作正常。

● 它是如何工作的…

在步骤 1 中，我们导入 CountVectorizer 类和辅助函数。在步骤 2 中，我们定义了 get_sentences 函数，它将一个文件的文本读入一个字符串，对其进行预处理，然后分成句子。在步骤 3 中，我们定义了 create_vectorizer 函数，它接收一个句子列表并返回 vectorizer 对象和句子的最终矩阵表示。稍后我们将使用 vectorizer 对象对新的、看不见的句子进行编码。在步骤 4 中，我们在 sherlock_holmes_1. txt 文件中使用上述两个函数。在步骤 5 中，我们打印出通过编码输入文本创建的矩阵。

CountVectorizer 对象通过查看每个单词是否在其词汇表中或在所有文档中看到的所有单词是否存在于特定文档中来表示每个文档。这可以在稀疏表示中看到，其中每个元组是一对，有文档编号和词编号以及对应的数字，即该词在该特定文档中出现的次数。例如，稀疏矩阵中的第六项如下：

```
(0, 0)         1
```

这意味着文档编号 0 中有一个编号为 0 的单词。文档编号 0 是我们文本中的第一句话：To Sherlock Holmes she is always_the_woman。单词编号 0 是词汇表中的第一个单词，即_the_。

单词的顺序是根据它们在整个文本中出现的字母顺序排列的。这句话有一个词，_the_，也是第六个词，对应于稀疏矩阵中的第六个项。

在步骤 6 中，我们将稀疏矩阵转化为稠密矩阵，其中每个句子都用一个向量表示。在步骤 7 中，我们将结果矩阵打印出来，可以看到它是一个嵌套列表，其中每个单独的列表都是一个向量，代表文本中的每个句子。在这种形式中，句子表示适用于机器学习算法。

在步骤 8 中，我们打印出用于创建 vectorizer 对象的所有单词。有时需要此列表来查看哪些单词在词表中，哪些不在词表中。

在步骤 9 中，我们创建一个字符串变量，其中包含一个未用于创建 vectorizer 对象的新句子，然后对其应用转换。在步骤 10 中，我们打印出这个新句子的稀疏矩阵和稠密矩阵。它显示了词汇表中的三个单词，它们是 seen、of 和 Holmes。其他词不存在于创建向量器的句子中，因此它们不存在于新向量中。

● 还有更多⋯

CountVectorizer 类包含几个有用的功能，例如显示句子分析的结果，即只显示将要在句子中使用的词向量表示，排除非常频繁的词，或者从包含的列表中排除停用词。我们将在这里探索这些功能：

1. 导入第 1 章 "学习 NLP 基础知识" 中的 CountVectorizer 类和辅助函数：

```
from sklearn.feature_extraction.text import
CountVectorizer
```

```
from Chapter01.dividing_into_sentences import read_text_
file, preprocess_text, divide_into_sentences_nltk
```

2. 读入文本文件，对文本进行预处理，并将其分成句子：

```
filename="sherlock_holmes_1.txt"
```

```
sherlock_holmes_text = read_text_file(filename)
```

```
sherlock_holmes_text = preprocess_text(sherlock_holmes_
text)
```

```
sentences = divide_into_sentences_nltk(sherlock_holmes_
text)
```

3. 创建一个新的 vectorizer 类。这一次，使用 stop_words 参数：

```
vectorizer = CountVectorizer(stop_words='english')
```

4. 使用 vectorizer 对象获取矩阵：

```
X = vectorizer.fit_transform(sentences)
```

5. 我们可以像这样打印词汇表：

```
print(vectorizer.get_feature_names())
```

6. 结果将是一个较小的集合，其中缺少非常频繁的单词，例如 of、the、to 等（停用词）：

```
['_the_', 'abhorrent', 'actions', 'adjusted', 'adler',
'admirable', 'admirably', 'admit', 'akin', 'balanced',
'cold', 'crack', 'delicate', 'distracting', 'disturbing',
'doubt', 'drawing', 'dubious', 'eclipses', 'emotion',
'emotions', 'excellent', 'eyes', 'factor', 'false',
'felt', 'finely', 'gibe', 'grit', 'heard', 'high',
'holmes', 'instrument', 'introduce', 'intrusions',
'irene', 'late', 'lenses', 'love', 'lover', 'machine',
'memory', 'men', 'mental', 'mention', 'mind', 'motives',
'nature', 'observer', 'observing', 'particularly',
'passions', 'perfect', 'placed', 'position', 'power',
'precise', 'predominates', 'questionable', 'reasoner',
'reasoning', 'results', 'save', 'seen', 'seldom',
'sensitive', 'sex', 'sherlock', 'sneer', 'softer',
'spoke', 'strong', 'temperament', 'things', 'throw',
'trained', 'veil', 'woman', 'world']
```

7. 我们现在可以将新的向量化器应用于原始集合中的一个句子，并使用 build_analyzer 函数更清楚地查看句子的分析：

```
new_sentence = "And yet there was but one woman to him,
and that woman was the late Irene Adler, of dubious and
questionable memory."
new_sentence_vector = vectorizer.transform([new_
sentence])
analyze = vectorizer.build_analyzer()
print(analyze(new_sentence))
```

我们可以看到句子分析的打印输出中缺少 and、yet、there、was、but、one、to、him、that、the 和 of：

```
['woman', 'woman', 'late', 'irene', 'adler', 'dubious',
'questionable', 'memory']
```

8. 我们可以像这样打印出句子的稀疏向量：

```
print(new_sentence_vector)
```

9. 结果将包含七个单词：

(0, 4)	1
(0, 17)	1
(0, 35)	1
(0, 36)	1
(0, 41)	1
(0, 58)	1
(0, 77)	2

10. 我们可以通过指定绝对或相对最大文档频率来限制词汇表，而不是使用预先构建的停用词列表。我们可以使用 max_df 参数来指定这一点，还可以为它提供一个整数来表示绝对文档频率，或者为它提供一个浮点数来表示文档的最大百分比。我们的文档集很小，所以不会有影响，但是在更大的文档集中，您将构建具有最大文档频率的 CountVectorizer 对象，如下所示：

```
vectorizer = CountVectorizer(max_df=0.8)
```

在这种情况下，向量化器将考虑出现在所有文档中不到 80% 的单词。

3.3　构建 n-gram 模型

将文档表示为词袋是有用的，但语义不仅仅是孤立的单词。为了捕获单词组合，n-gram 模型很有用。它的词汇不仅包括单词，还包括单词序列或 n-gram。我们将在这个专题中构建一个二元组模型，其中二元组是两个单词的序列。

● 准备

CountVectorizer 类非常通用，允许我们构建 n-gram 模型。我们将在这个专题中再次使用它，还将探讨如何使用此类构建字符 n-gram 模型。

● 怎么做…

遵循这些步骤：

1. 从"将文档放入词袋"专题中导入来自 第 1 章"学习 NLP 基础知识"的 CountVectorizer 类和辅助函数：

```
from sklearn.feature_extraction.text import
CountVectorizer
from Chapter01.dividing_into_sentences import read_text_
file, preprocess_text, divide_into_sentences_nltk
from Chapter03.bag_of_words import get_sentences, get_
new_sentence_vector
```

2. 从 sherlock_holmes_1.txt 文件中获取句子：

```
sentences = get_sentences("sherlock_holmes_1.txt")
```

3. 创建一个新的 vectorizer 类。在这种情况下，我们将使用 n_gram 参数：

```
bigram_vectorizer = CountVectorizer(ngram_range=(1, 2))
```

4. 使用 vectorizer 对象获取矩阵：

```
X = bigram_vectorizer.fit_transform(sentences)
```

5. 打印结果：

```
print(X)
```

6. 结果矩阵是一个 scipy. sparse. csr. csr_matrix 对象，并且其打印输出的开头如下所示：

(0, 269)	1
(0, 229)	1
(0, 118)	1
(0, 226)	1
(0, 136)	1
(0, 20)	1
(0, 0)	1
(0, 299)	1
(0, 275)	1
(0, 230)	1
(0, 119)	1
(0, 228)	1
...	

7. 得到一个 numpy. matrixlib. defmatrix. matrix 对象，其中每个句子是一个向量，使用 to-dense( ) 函数：

```
denseX = X.todense()
print(denseX)
```

8. 打印输出如下所示：

```
[[1 1 0 ... 0 0 0]
 [0 0 0 ... 0 0 0]
 [0 0 0 ... 0 0 0]
 ...
 [0 0 0 ... 0 0 0]
 [0 0 0 ... 1 0 0]
 [0 0 0 ... 0 1 1]]
```

9. 让我们看看模型使用的词表：

```
print(bigram_vectorizer.get_feature_names())
```

生成的词表包括每个单词和每个二元组：

```
['_the_', '_the_ woman', 'abhorrent', 'abhorrent
to', 'actions', 'adjusted', 'adjusted temperament',
'adler', 'adler of', 'admirable', 'admirable things',
'admirably', 'admirably balanced', 'admit', 'admit
```

```
such', 'akin', 'akin to', 'all', 'all emotions', 'all
his', 'always', 'always _the_', 'and', 'and actions',
'and finely', 'and observing', 'and predominates',
'and questionable', 'and sneer', 'and that', 'and yet',
'any', 'any emotion', 'any other', 'as', 'as his', 'as
lover', 'balanced', 'balanced mind', 'be', 'be more',
'but', 'but admirably', 'but as', 'but for', 'but one',
'cold', 'cold precise', 'crack', 'crack in', 'delicate',
'delicate and', 'distracting', 'distracting factor',
'disturbing', 'disturbing than', 'doubt', 'doubt upon',
'drawing', 'drawing the', 'dubious', 'dubious and',
'eclipses', 'eclipses and', 'emotion', 'emotion akin',
'emotion in', 'emotions', 'emotions and', 'excellent',
'excellent for', 'eyes', 'eyes she', 'factor', 'factor
which', 'false', 'false position', 'felt', 'felt any',
'finely', 'finely adjusted', 'for', 'for drawing', 'for
irene', 'for the', 'from', 'from men', 'gibe', 'gibe
and', 'grit', 'grit in', 'has', 'has seen', 'have', 'have
placed', 'have seldom', 'he', 'he felt', 'he never',
'he was', 'he would', 'heard', 'heard him', 'her', 'her
sex', 'her under', 'high', 'high power', 'him', 'him
and', 'him mention', 'himself', 'himself in', 'his', 'his
cold', 'his eyes', 'his mental', 'his own', 'holmes',
'holmes she', 'in', 'in false', 'in his', 'in nature',
'in one', 'in sensitive', 'instrument', 'instrument or',
'into', 'into his', 'introduce', 'introduce distracting',
'intrusions', 'intrusions into', 'irene', 'irene adler',
'is', 'is always', 'it', 'it the', 'it was', 'late',
'late irene', 'lenses', 'lenses would', 'love', 'love
for', 'lover', 'lover he', 'machine', 'machine that',
'memory', 'men', 'men motives', 'mental', 'mental
results', 'mention', 'mention her', 'might', 'might
throw', 'mind', 'more', 'more disturbing', …]
```

10. 我们现在还可以使用 CountVectorizer 对象来表示不在原始文档集中的新句子。我们使用 I had seen little of Holmes lately 这个句子，这是 sherlock_holmes_1. txt 节选后的下一句话。转换函数需要一个文档列表，所以我们将创建一个新列表，其中句子是唯一的元素：

```
new_sentence = "I had seen little of Holmes lately."
new_sentence_vector = \
bigram_vectorizer.transform([new_sentence])
```

11. 我们现在可以打印这个新句子的稀疏和稠密表示：

```
print(new_sentence_vector)
print(new_sentence_vector.todense())
```

结果如下：

```
   (0, 118)        1
   (0, 179)        1
   (0, 219)        1
[[0 0 0 0 0 0 0 0 0 0 0 0 0 0 0 0 0 0 0 0 0 0 0 0 0 0 0 0 0 0
0 0 0 0 0 0 0 0
 0 0 0 0 0 0 0 0 0 0 0 0 0 0 0 0 0 0 0 0 0 0 0 0 0 0 0 0 0 0
0 0 0 0 0 0 0 0
 0 0 0 0 0 0 0 0 0 0 0 0 0 0 0 0 0 0 0 0 0 0 0 0 0 0 0 0 0 0
0 0 0 0 0 0 0 0
 0 0 0 0 0 0 0 0 0 1 0 0 0 0 0 0 0 0 0 0 0 0 0 0 0 0 0 0 0 0
0 0 0 0 0 0 0 0
 0 0 0 0 0 0 0 0 0 0 0 0 0 0 0 0 0 0 0 0 0 0 0 0 0 0 0 0 0 0
0 0 0 0 0 0 0 1
 0 0 0 0 0 0 0 0 0 0 0 0 0 0 0 0 0 0 0 0 0 0 0 0 0 0 0 0 0 0
0 0 0 0 0 0 0 0
 0 0 1 0 0 0 0 0 0 0 0 0 0 0 0 0 0 0 0 0 0 0 0 0 0 0 0 0 0 0
0 0 0 0 0 0 0 0
 0 0 0 0 0 0 0 0 0 0 0 0 0 0 0 0 0 0 0 0 0 0 0 0 0 0 0 0 0 0
0 0 0 0 0 0 0 0
 0 0 0 0 0 0 0 0 0 0 0 0 0 0 0 0 0 0 0 0 0 0 0 0]]
```

12. 让我们将前面的表示与原始输入文本中的句子表示进行比较；即，And yet there was but one woman to him, and that woman was the late Irene Adler, of dubious and questionable memory：

```
new_sentence1 = " And yet there was but one woman to him,
and that woman was the late Irene Adler, of dubious and
questionable memory."
new_sentence_vector1 = vectorizer.transform([new_
sentence])
```

13. 我们将打印这句话的稀疏和稠密表示：

```
print(new_sentence_vector1)
print(new_sentence_vector1.todense())
```

14. 结果如下：

```
   (0, 7)         1
   (0, 8)         1
   (0, 22)        3
   (0, 27)        1
   (0, 29)        1
   …
```

```
[[0 0 0 0 0 0 0 1 1 0 0 0 0 0 0 0 0 0 0 0 0 0 0 3 0 0 0 0 1
  0 1 1 0 0 0 0 0

  0 0 0 0 0 1 0 0 0 1 0 0 0 0 0 0 0 0 0 0 0 0 0 0 0 0 1 1 0 0
  0 0 0 0 0 0 0 0

  0 0 0 0 0 0 0 0 0 0 0 0 0 0 0 0 0 0 0 0 0 0 0 0 0 0 0 0 0 0
  0 0 0 0 0 0 0 0

  1 1 0 0 0 0 0 0 0 0 0 0 0 0 0 0 0 0 0 0 0 0 0 0 0 0 0 1 1
  0 0 0 0 0 0 1 1 0

  0 0 0 0 0 0 1 0 0 0 0 0 0 0 0 0 0 0 0 0 0 0 0 0 0 0 0 0 0
  0 0 0 0 0 0 0 1

  1 0 0 0 1 0 0 1 0 0 0 0 0 0 0 0 0 0 0 0 0 0 0 0 0 0 0 0 0
  0 0 1 1 0 0 0 0

  0 0 0 0 0 0 0 0 0 0 0 0 0 0 0 0 0 0 0 0 0 0 0 0 0 0 0 0 0
  0 0 0 1 0 0 0 1

  1 1 0 0 0 0 0 0 0 0 1 1 0 0 0 0 0 0 1 0 1 0 0 0 0 0 0 0 0
  0 0 0 0 2 1 0 0

  1 0 0 0 0 0 0 0 0 0 0 0 2 1 1 0 0 0 0 0 1 1]]
```

● 它是如何工作的…

在步骤 1 中，我们导入必要的对象和函数。在步骤 2 中，我们创建一个来自 sherlock_holmes_1. txt 文件的句子列表。在步骤 3 中，我们创建一个具有额外参数 ngram_range 的新 CountVectorizer 对象。当设置 ngram_range 参数时，CountVectorizer 类不仅计算单个单词，还计算单词组合，其中组合中的单词数取决于提供给 ngram_range 参数的数字。我们提供 ngram_range＝(1,2) 作为参数，这意味着组合中的单词范围从 1 到 2，因此计算一元组和二元组。

在步骤 4 中，我们使用 bigram_vectorizer 对象并创建矩阵，并在步骤 5 中打印矩阵。结果看起来与 "将文档放入词袋" 专题中显示的矩阵输出非常相似，唯一的区别是输出现在应该更长，因为它不仅包括单个单词，还包括二元组或两个单词的序列。

在步骤 6 中，我们创建一个稠密矩阵并将其打印出来。在步骤 7 中，我们打印出向量化器的词表，我们看到它包括单个单词和二元组。

在步骤 8 中，我们使用向量化器转换一个看不见的句子。在步骤 9 中，我们打印输出句子的稀疏和稠密向量。在步骤 10 中，我们转换一个句子，它是原始文本的一部分。在步骤 11 中，我们打印出它的稀疏和稠密表示。一旦我们分析了新句子，我们看到句子中只有向量化器的原始词汇表中的三个单词（或二元组），而作为原始数据集一部分的句子有更多的单词被计算在内。由此可见与适合向量化器的原始句子集有很大不同的句子将会被较差地表示，因为向量化器的词汇表中将缺少大多数单词和单词组合。

● 还有更多…

通过向 ngram_range 参数提供相应的元组，我们可以在向量化器中使用三元组、四元组等。这样做的缺点是词汇量的不断扩大和句子向量的增长，因为每个句子向量都必须有输入词汇表中每个单词的条目。

3.4 用 TF-IDF 表示文本

我们可以更进一步，使用 TF-IDF 算法对传入文档中的单词和 ngram 进行计数。TF-IDF 表示词频-逆文档频率并赋予文档独有的词更多的权重，而不是频繁出现但在大多数文档中重复的词。这使我们能够对特定文档具有独特特征的词给予更多的权重。您可以在以下位置了解更多信息 https：//scikit-learn. org/stable/modules/feature_extraction. html#tfidf-term-weighting。

在这个专题中，我们将使用一种不同类型的向量化器，它可以将 TF-IDF 算法应用于输入文本。与 CountVectorizer 类一样，它有一个分析器，我们将使用它来显示新句子的表示。

● 准备

我们将使用 sklearn 包中的 TfidfVectorizer 类。我们也会使用第 1 章 "学习 NLP 基础知识" 中的停用词列表。

● 怎么做…

TfidfVectorizer 类允许 CountVectorizer 的所有功能，除了它使用 TF-IDF 算法来计算单词而不是直接计数。该类的其他功能应该很熟悉。我们将再次使用 sherlock_holmes_1. txt 文件。

以下是构建和使用 TF-IDF 向量化器应遵循的步骤：

1. 导入 TfidfVectorizer 类、nltk 和相关的辅助函数：

```
import nltk
import string
from sklearn.feature_extraction.text import
TfidfVectorizer
from nltk.stem.snowball import SnowballStemmer
from Chapter01.removing_stopwords import read_in_csv
from Chapter03.bag_of_words import get_sentences
```

2. 定义词干分析器和停用词文件的路径：

```
stemmer = SnowballStemmer('english')
stopwords_file_path = "Chapter01/stopwords.csv"
```

3. 从 sherlock_holmes_1. txt 文件中获取句子:

```
sentences = get_sentences("sherlock_holmes_1.txt")
```

4. 我们将使用一个函数来标记和词干化每个单词,包括停用词。有关更多信息,请参阅第 1 章 "学习 NLP 基础知识" 中的 "将句子切分成单词—分词" 和 "词干提取" 专题:

```
def tokenize_and_stem(sentence):
    tokens = nltk.word_tokenize(sentence)
    filtered_tokens = [t for t in tokens if t not in \
                       string.punctuation]
    stems = [stemmer.stem(t) for t in filtered_tokens]
    return stems
```

5. 读入、标记并词干化停用词:

```
stopword_list = read_in_csv(stopwords_file_path)
stemmed_stopwords = [tokenize_and_stem(stopword)[0] for \
                    stopword in stopword_list]
stopword_list = stopword_list + stemmed_stopwords
```

6. 创建一个新的向量化器类并拟合传入的句子。您可能会在这里看到一些警告,这很好:

```
tfidf_vectorizer = \
TfidfVectorizer(max_df=0.90, max_features=200000,
                min_df=0.05, stop_words=stopword_list,
                use_idf=True,tokenizer=tokenize_and_stem,
                ngram_range=(1,3))
tfidf_vectorizer = tfidf_vectorizer.fit(sentences)
```

7. 使用 vectorizer 对象获取矩阵:

```
tfidf_matrix = tfidf_vectorizer.transform(sentences)
```

8. 打印结果:

```
print(tfidf_matrix)
```

9. 结果矩阵是一个 scipy. sparse. csr. csr_matrix 对象,并且其打印输出的开头如下所示:

```
(0, 195)        0.2892833606818738
(0, 167)        0.33843668854613723
(0, 166)        0.33843668854613723
(0, 165)        0.33843668854613723
(0, 84)         0.33843668854613723
(0, 83)         0.33843668854613723
(0, 82)         0.33843668854613723
```

(0, 1)	0.33843668854613723
(0, 0)	0.33843668854613723
...	

10. 得到一个 numpy. matrixlib. defmatrix. matrix 对象，其中每个句子是一个向量，使用 todense( ) 函数：

```
dense_matrix = tfidf_matrix.todense()
```

它的打印输出如下所示：

[[0.33843669	0.33843669	0.	... 0.	0.
0.	]			
[0.	0.	0.	... 0.	0.
0.	]			
[0.	0.	0.	... 0.	0.
0.	]			
...				
[0.	0.	0.	... 0.	0.
0.	]			
[0.	0.	0.	... 0.	0.
0.	]			
[0.	0.	0.	... 0.	0.
0.	]] [0 0 0 ... 1 0 0]			
[0 0 0 ... 0 1 1]]				

11. 让我们看看模型使用的词汇表：

```
print(tfidf_vectorizer.get_feature_names())
```

生成的词汇表包括每个词干化的词、每个二元组和每个三元组：

```
[['_the_', '_the_ woman', 'abhorr', 'abhorr cold',
'abhorr cold precis', 'action', 'adjust', 'adjust
tempera', 'adjust tempera introduc', 'adler', 'adler
dubious', 'adler dubious question', 'admir', 'admir
balanc', 'admir balanc mind', 'admir observer-excel',
'admir observer-excel draw', 'admit', 'admit intrus',
'admit intrus own', 'akin', 'akin love', 'akin love
iren', 'balanc', 'balanc mind', 'cold', 'cold precis',
'cold precis admir', 'crack', 'crack own', 'crack own
high-pow', 'delic', 'delic fine', 'delic fine adjust',
'distract', 'distract factor', 'distract factor throw',
'disturb', 'disturb strong', 'disturb strong emot',
'doubt', 'doubt mental', 'doubt mental result', 'draw',
'draw veil', 'draw veil men', 'dubious', 'dubious
question', 'dubious question memori', 'eclips', 'eclips
predomin', 'eclips predomin whole', 'emot', 'emot
```

```
abhorr', 'emot abhorr cold', 'emot akin', 'emot akin
love', 'emot natur', 'eye', 'eye eclips', 'eye eclips
predomin', 'factor', 'factor throw', 'factor throw
doubt', 'fals', 'fals posit', 'felt', 'felt emot', 'felt
emot akin', 'fine', 'fine adjust', 'fine adjust tempera',
'gibe', 'gibe sneer', 'grit', 'grit sensit', 'grit sensit
instrument', 'heard', 'heard mention', 'high-pow', 'high-
pow lens', 'high-pow lens disturb', 'holm', 'holm _the_',
'holm _the_ woman', 'instrument', 'instrument crack',
'instrument crack own', 'introduc', 'introduc distract',
'introduc distract factor', 'intrus', 'intrus own',
'intrus own delic', 'iren', 'iren adler', 'iren adler
dubious', 'lens', 'lens disturb', 'lens disturb strong',
…]
```

12. 让我们构建一个分析器函数并分析句子 To Sherlock Holmes she is always_the_woman：

```
analyze = tfidf_vectorizer.build_analyzer()
print(analyze("To Sherlock Holmes she is always _the_
woman."))
```

这是结果：

```
['sherlock', 'holm', '_the_', 'woman', 'sherlock holm',
'holm _the_', '_the_ woman', 'sherlock holm _the_', 'holm
_the_ woman']
```

● 它是如何工作的…

TfidfVectorizer 类的工作方式几乎与 CountVectorizer 类完全相同，仅在计算词频的方式上有所不同，因此这里大多数步骤应该熟悉。词频计算如下：对于每个单词，总体频率是词频和逆文档频率的乘积。词频是单词在文档中出现的次数。逆文档频率是文档总数除以单词出现的文档数。通常，这些频率按对数缩放。

在步骤 1 中，我们导入 TfidfVectorizer 类、SnowballStemmer 类和辅助函数。在步骤 2 中，我们定义词干分析器对象和停用词文件的路径。在步骤 3 中，我们从 sherlock_holmes_1. txt 文件创建句子列表。

在步骤 4 中，我们定义了 tokenize_and_stem 函数，将用它来标记和词干化句子中的单词。

在步骤 5 中，我们读入停用词列表并将 tokenize_and_stem 函数应用于它。由于我们要对文本中的单词进行词干化，因此还需要对停用词进行词干化。我们需要这样做的原因是如果不去词干化停用词，数据集中的词干化的词就与它们不匹配。这些函数还排除了文本中的所有标点符号，因为我们不想在其中包含带有标点符号的 n-gram。为此，我们检查每个标记是否包含在 string. punctuation 集合中，该集合中列出了所有标点符号。在步骤 6 中，我们创建一个新的向量化器类，然后拟合句子。min_df 和 max_df 参数分别限制了最小和最大文档频率。如果语料库足够大，最大文档频率可以通过排除文档中非常频繁的单词来处理停用词。对于我们的小型语料库，必须提供停用词列表。min_df 和 max_df 参数要么是介于 0 和 1 之间的浮点数，表示文档的比例，要么是整数，表示绝对计数。max_features 参数将词汇表中的单词和 n-gram 的数量限制为提供的数量。想了解有关 TfidfVectorizer 的更多信息，请参阅 https://scikit-learn. org/stable/modules/generated/sklearn. feature_extraction. text. TfidfVectorizer. html。

在步骤 7 中，我们使用向量化器来获取对句子进行编码的矩阵。在步骤 8 中，我们打印结果。可以看到结果矩阵与本章中"将文档放入词袋中"和"构建 n-gram 模型"专题的矩阵类似。不同之处在于频率计算是分数，因为它是两个比率的乘积。

在步骤 9 中，我们创建了一个稠密矩阵，将每个句子表示为一个向量。

在步骤 10 中，我们打印出向量化器的词汇表，其中也包括一元组和二元组。

在步骤 11 中，我们创建分析器对象并分析来自 sherlock_holmes_1. txt 文件。结果表明，现在句子由一元组、二元组和三元组表示，以及已被词干化和已删除停用词的单词。

● 还有更多…

我们可以构建 TfidfVectorizer 并使用字符 n-gram 代替单词 n-gram。字符 n-gram 使用字符而不是单词作为其基本单位。例如，如果我们要为具有 n-gram 范围（1，3）的短语"the woman"构建字符 n-gram，它的集合将是 [t, h, e, w, o, m, a, n, th, he, wo, om, ma, an, the, wom, oma, man]。在许多实验环境中，基于字符 n-gram 的模型比基于单词的 n-gram 模型表现更好。

我们将使用相同的 Sherlock Holmes 文本文件 sherlock_holmes_1. txt，以及同一个类，TfidfVectorizer。我们不需要分词函数或停用词列表，因为分析单位是字符而不是单词。创建向量化器和分析句子的步骤如下：

1. 从 sherlock_holmes_1. txt 文件中获取句子：

```
sentences = get_sentences("sherlock_holmes_1.txt")
```

2. 创建一个新的 vectorizer 类并拟合传入的句子：

```
tfidf_char_vectorizer = \
TfidfVectorizer(analyzer='char_wb',
                max_df=0.90,
                max_features=200000,
                min_df=0.05,
                use_idf=True,
                ngram_range=(1,3))
tfidf_char_vectorizer = tfidf_char_vectorizer.
fit(sentences)
```

3. 使用 vectorizer 对象获取矩阵：

```
tfidf_matrix = tfidf_char_vectorizer.transform(sentences)
```

4. 打印结果：

```
print(tfidf_matrix)
```

可以预见，结果矩阵比基于单词的矩阵大得多。其打印输出的开头如下所示：

```
(0, 763)        0.12662434631923655
(0, 762)        0.12662434631923655
(0, 753)        0.05840470946313
(0, 745)        0.10823388151187574
(0, 744)        0.0850646359499111
(0, 733)        0.12662434631923655
(0, 731)        0.07679517427049085
(0, 684)        0.07679517427049085
(0, 683)        0.07679517427049085
(0, 675)        0.05840470946313
(0, 639)        0.21646776302375148
(0, 638)        0.21646776302375148
    ...
```

5. 得到一个 numpy.matrixlib.defmatrix.matrix 对象，其中每个句子是一个向量，使用 to-dense( ) 函数：

```
dense_matrix = tfidf_matrix.todense()
```

它的打印输出如下所示：

```
[[0.12662435 0.12662435 0.         ... 0.         0.
0.         ]
 [0.         0.         0.         ... 0.         0.
0.         ]
 [0.         0.         0.         ... 0.         0.
0.         ]
 ...
 [0.         0.         0.07119069 ... 0.         0.
0.         ]
 [0.         0.         0.17252729 ... 0.         0.
0.         ]
 [0.         0.         0.         ... 0.         0.
0.         ]]
```

6. 让我们看看模型使用的词汇表：

```
print(tfidf_char_vectorizer.get_feature_names())
```

生成的词汇表包括每个字符，以及字符二元组和三元组。打印输出的开头如下所示：

```
['_', '_t', 'a', 'ab', 'ac', 'ad', 'ak', 'al',
'an', 'as', 'b', 'ba', 'be', 'bu', 'c', 'co',
'cr', 'd', 'de', 'di', 'do', 'dr', 'du', 'e',
'ec', 'em', 'ey', 'f', 'fa', 'fe', 'fi', 'fo',
'fr', 'g', 'gi', 'gr', 'ha', 'he', 'hi', 'ho',
'i', 'i', 'in', 'ir', 'is', 'it', 'l', 'la',
'le', 'lo', 'm', 'ma', 'me', 'mi', 'mo', 'n',
'na', 'ne', 'no', 'o', 'ob', 'of', 'on', 'or',
'ot', 'ow', 'p', 'pa', 'pe', 'pl', 'po', 'pr',
'q', 'qu', 'r', 're', 's', 'sa', 'se', 'sh',
'sn', 'so', 'sp', 'st', 'su', 'ta', 'te', 'th',
'to', 'tr', 'u', 'un', 'up', 'v', 've', 'wa',
'we', 'wh', 'wi', 'wo', 'y', 'ye', ',', '.', '-',
'-p', '-po', '_', '_ ', '_t', '_th', 'a ', 'ab', 'abh',
'abl', 'ac', 'ace', 'ach', 'ack', 'act', 'ad', 'adj',
'adl', 'adm', 'ai', 'ain', 'ak', 'ake', 'aki', 'al', 'al
', 'ala', 'all', 'als', 'alw', 'am', 'ame', 'an ', 'an.',
'anc', 'and', 'any', 'ar', 'ard', 'arl', 'art', 'as', 'as
', 'as,', 'aso', 'ass', 'at', 'at ', 'ate', 'atu', 'av',
'ave', 'aw', 'awi', 'ay', 'ays', 'b', 'ba', 'bal', 'be',
'be ', 'bh', 'bho', 'bi', 'bin', 'bio', 'bl', 'ble',
'bly', 'bs', 'bse', 'bt', 'bt ', 'bu', 'but', 'c', 'ca',
'cat', 'ce', 'ce ', 'ced', 'cel', 'ch', 'ch ', 'chi',
'ci', 'cis', 'ck', 'ck ', 'cl', 'cli', 'co', 'col', 'cr',
'cra', 'ct', 'ct ', 'cti', 'cto', 'cu', 'cul', …]
```

7. 让我们构建一个分析器函数并分析句子 To Sherlock Holmes she is always_the_woman：

```
analyze = tfidf_char_vectorizer.build_analyzer()
print(analyze("To Sherlock Holmes she is always _the_
woman."))
```

这是结果：

```
[' ', 't', 'o', ' ', ' t', 'to', 'o ', ' to', 'to ', ' ',
's', 'h', 'e', 'r', 'l', 'o', 'c', 'k', ' ', ' s', 'sh',
'he', 'er', 'rl', 'lo', 'oc', 'ck', 'k ', ' sh', 'she',
'her', 'erl', 'rlo', 'loc', 'ock', 'ck ', ' ', 'h', 'o',
'l', 'm', 'e', 's', ' ', ' h', 'ho', 'ol', 'lm', 'me',
'es', 's ', ' ho', 'hol', 'olm', 'lme', 'mes', 'es ', '
', 's', 'h', 'e', ' ', ' s', 'sh', 'he', 'e ', ' sh',
'she', 'he ', ' ', 'i', 's', ' ', ' i', 'is', 's ', '
is', 'is ', ' ', 'a', 'l', 'w', 'a', 'y', 's', ' ', ' a',
```

```
'al', 'lw', 'wa', 'ay', 'ys', 's ', ' al', 'alw', 'lwa',
'way', 'ays', 'ys ', ' ', ' _', 't', 'h', 'e', '_', ' ',
' _', ' _t', 'th', 'he', 'e_', ' _', ' _t', ' _th', 'the',
'he_', 'e_ ', ' ', 'w', 'o', 'm', 'a', 'n', '.', ' ',
'w', 'wo', 'om', 'ma', 'an', 'n.', '. ', ' wo', 'wom',
'oma', 'man', 'an.', 'n. ']
```

3.5 使用词嵌入

在这个专题中,我们切换内容并学习如何使用词嵌入来表示单词,这很强大,因为它们是训练一个神经网络的结果,该网络可以从句子中的所有其他单词中预测一个单词。对于出现在相似上下文中的单词,生成的向量嵌入是相似的。我们将使用嵌入来展示这些相似之处。

- **准备**

在这个专题中,我们将使用预训练的 word2vec 模型,该模型可在 http://vectors.nlpl.eu/repository/20/40.zip 中找到。下载模型并解压到 Chapter03 目录。您现在应该有一个文件,其路径为⋯/Chapter03/40/model.bin。

我们还将使用 gensim 包来加载和使用模型。使用 pip 安装它:

```
pip install gensim
```

- **怎么做⋯**

我们将加载模型,演示 gensim 包的一些特性,然后使用词嵌入计算一个句子向量。让我们开始吧:

1. 从 gensim.models 导入 KeyedVectors 对象并导入 numpy:

```
from gensim.models import KeyedVectors
import numpy as np
```

2. 将模型路径分配给变量:

```
w2vec_model_path = "Chapter03/40/model.bin"
```

3. 加载预训练模型:

```
model = KeyedVectors.load_word2vec_format(w2vec_model_
path,
                                        binary=True)
```

4. 使用预训练模型,我们现在可以加载单个词向量:

```
print(model['holmes'])
```

5. 结果如下：

```
[-0.309647 -0.127936 -0.136244 -0.252969  0.410695
0.206325  0.119236

 -0.244745 -0.436801  0.058889  0.237439  0.247656
0.072103  0.044183

 -0.424878  0.367344  0.153287  0.343856  0.232269
-0.181432 -0.050021

  0.225756  0.71465  -0.564166 -0.168468 -0.153668
0.300445 -0.220122

 -0.021261  0.25779  ...]
```

6. 我们还可以获得与给定单词最相似的单词。例如，让我们打印找出与 Holmes 最相似的单词（小写，因为在训练过程中所有单词都是小写的）：

```
print(model.most_similar(['holmes'], topn=15))
```

结果如下：

```
[('sherlock', 0.8416914939880371), ('parker',
0.8099909424781799), ('moriarty', 0.8039606809616089),
('sawyer', 0.8002701997756958), ('moore',
0.7932805418968201), ('wolfe', 0.7923581600189209),
('hale', 0.791009247303009), ('doyle',
0.7906038761138916), ('holmes.the', 0.7895270586013794),
('watson', 0.7887690663337708), ('yates',
0.7882785797119141), ('stevenson', 0.7879440188407898),
('spencer', 0.7877693772315979), ('goodwin',
0.7866846919059753), ('baxter', 0.7864187955856323)]
```

7. 我们现在还可以通过平均句子中的所有词向量来计算句子向量。我们用 It was not that he felt any emotion akin to love for Irene Adler 这句话：

```
sentence = "It was not that he felt any emotion akin to
love for Irene Adler."
```

8. 让我们定义一个函数，它将接收一个句子和一个模型，并返回一个句子词向量列表：

```
def get_word_vectors(sentence, model):
    word_vectors = []
    for word in sentence:
        try:
            word_vector = model.get_vector(word.lower())
            word_vectors.append(word_vector)
        except KeyError:
            continue
    return word_vectors
```

9. 现在，让我们定义一个函数，该函数将获取词向量列表并计算句子向量：

```
def get_sentence_vector(word_vectors):
    matrix = np.array(word_vectors)
    centroid = np.mean(matrix[:,:], axis=0)
    return centroid
```

重要提示

对词向量求平均以得到句子向量只是完成此任务的一种方法，并且并非没有问题。一种选择是训练一个 doc2vec 模型，其中句子、段落和整个文档都可以是单位而不是单词。

10. 我们现在可以计算句子向量：

```
word_vectors = get_word_vectors(sentence, model)
sentence_vector = get_sentence_vector(word_vectors)
print(sentence_vector)
```

11. 结果如下：

```
[ 0.09226871  0.14478634  0.23788658 -0.31754282
0.42911175 -0.05198449
   0.12572111  0.01170996 -0.01138579  0.05200932
0.15247145  0.34026343
   0.12961692  0.05010585 -0.09165132  0.3782767
0.08390289  0.30078036
 -0.24396846  0.42507184 -0.13556597  0.157348
0.19739327 -0.13114193
 -0.16301586  0.19061208 ...]
```

● 它是如何工作的…

在步骤 1 中，我们导入必要的对象。在步骤 2 中，我们将在准备部分中下载的模型路径分配给 w2vec_model_path 变量。在步骤 3 中，我们加载模型。

在步骤 4 中，我们加载单词 Holmes 的词向量。必须将其小写，因为模型中的所有单词都是小写的。结果是一个长向量，表示 word2vec 模型中的这个词。

在步骤 5 中，我们得到与输入词最相似的 15 个词。输出打印出最相似的单词（出现在相似的上下文中），以及它们的相似度分数。分数是一对向量之间的余弦距离，在这种情况下表示一对单词。分数越大，两个词越相似。在本例中，结果非常好，因为它包含了 Sherlock、Moriarty、Watson 和 Doyle 等词。

在接下来的几个步骤中，我们通过平均词向量来计算一个句子向量。这是使用 word2vec 表示句子的一种方法，它有其缺点。这种方法的挑战之一是表示模型中不存在的单词。

在步骤 6 中，我们用文本中的一个句子初始化 sentence 变量。在步骤 7 中，我们创建了 get_word_vectors 函数，它返回句子中所有词向量的列表。该函数从模型中读取词向量并将其附加到 word_vectors 列表。如果模型中不存在单词，它还会捕获引发的 KeyError 错误。

在步骤 8 中，我们创建了 get_sentence_vector 函数，它接收单词向量列表并返回它们的平均值。为了计算平均值，我们将矩阵表示为 NumPy 数组，并使用 NumPy 的 mean 函数计算得到平均向量。

在步骤 9 中，我们为步骤 6 中定义的句子计算词向量，并使用在步骤 7 和步骤 8 中定义的函数计算句子向量。然后我们打印得到的句子向量。

● 还有更多⋯

gensim 还可以使用预训练模型做一些其他有趣的事情。例如，它可以从单词列表中找到不匹配的单词，并从列表中找到与给定单词最相似的单词。让我们看看这些：

1. 从 genism. models 导入 KeyedVectors 对象：

```
from gensim.models import KeyedVectors
```

2. 将模型路径分配给变量：

```
w2vec_model_path = "Chapter03/40/model.bin"
```

3. 加载预训练模型：

```
model = \
KeyedVectors.load_word2vec_format(w2vec_model_path,
                                  binary=True)
```

4. 编译一个不匹配的单词列表：

```
words = ['banana', 'apple', 'computer', 'strawberry']
```

5. 将 doesnt_match 函数应用于列表并打印结果：

```
print(model.doesnt_match(words))
```

结果如下：

```
computer
```

6. 现在，让我们找出一个与另一个词最相似的词：

```
word = "cup"
words = ['glass', 'computer', 'pencil', 'watch']
print(model.most_similar_to_given(word, words))
```

结果如下：

```
glass
```

- **请参阅**

还有许多其他可用的预训练模型，包括其他语言；有关详细信息，请参阅 http://vectors. nlpl. eu/repository/。

一些预训练模型包含词性信息，这在您消除单词歧义时会很有帮助。这些模型将单词与其词性（POS）连接起来，例如 cat_NOUN，因此在使用它们时请记住这一点。

要了解更多关于 word2vec 背后的理论，您可以从这里开始：https://jalammar. github. io/illustrated-word2vec/。

3.6 训练您自己的嵌入模型

我们现在可以在语料库上训练自己的 word2vec 模型。对于此任务，我们将使用古腾堡项目的前 20 本书，其中包括《The Adventures of Sherlock Holmes》。这样做的原因是仅在一本书上训练模型会导致次优结果。一旦我们获得更多文本，结果会更好。

- **准备**

你可以从 Kaggle 下载这个专题的数据集：https://www. kaggle. com/currie32/project-gutenbergs-top-20-books。数据集包括 RTF 格式的文件，因此您必须将它们保存为文本。我们将使用相同的包 gensim 来训练我们的自定义模型。

我们将使用 pickle 包将模型保存在磁盘上。如果你没有安装它，使用 pip 安装它：

```
pip install pickle
```

- **怎么做…**

我们将读入所有 20 本书并使用文本内容创建 word2vec 模型。确保所有这些书位于一个目录中。让我们开始吧：

1. 导入必要的包和函数：

```
import gensim
import pickle
from os import listdir
from os.path import isfile, join
from Chapter03.bag_of_words import get_sentences
from Chapter01.tokenization import tokenize_nltk
```

2. 将 books 目录的路径和模型路径（将保存模型的位置）分配给变量：

```
word2vec_model_path = "word2vec.model"
books_dir = "1025_1853_bundle_archive"
```

3. get_all_book_sentences 函数将从目录中读取所有文本文件并返回包含其中所有句子的列表：

```
def get_all_book_sentences(directory):
    text_files = \
    [join(directory, f) for f in listdir(directory) if \
     isfile(join(directory, f)) and ".txt" in f]
    all_sentences = []
    for text_file in text_files:
        sentences = get_sentences(text_file)
        all_sentences = all_sentences + sentences
    return all_sentences
```

4. train_word2vec 函数将训练模型并使用 pickle 将其保存到文件中：

```
def train_word2vec(words, word2vec_model_path):
    model = gensim.models.Word2Vec(words, window=5,
                                   size=200)
    model.train(words, total_examples=len(words),
                epochs=200)
    pickle.dump(model, open(word2vec_model_path, 'wb'))
    return model
```

5. 获取 books 目录的句子：

```
sentences = get_all_book_sentences(books_dir)
```

6. 标记并小写所有句子：

```
sentences = [tokenize_nltk(s.lower()) for s in sentences]
```

7. 训练模型。此步骤将需要几分钟才能运行：

```
model = train_word2vec(sentences, word2vec_model_path)
```

8. 我们现在可以看到模型针对不同的输入词返回了哪些最相似的词，例如 river：

```
w1 = "river"
words = model.wv.most_similar(w1, topn=10)
print(words)
```

每次训练一个模型，结果都会不同。我的结果如下所示：

```
[('shore', 0.5025173425674438), ('woods',
0.46839720010757446), ('raft', 0.44671306014060974),
('illinois', 0.44637370109558105), ('hill',
0.4400100111961365), ('island', 0.43077412247657776),
('rock', 0.4293714761734009), ('stream',
0.42731013894081116), ('strand', 0.42297834157943726),
('road', 0.41813182830810547)]
```

● 它是如何工作的…

该代码训练了一个神经网络,当给定一个单词被删掉的句子时,该网络会预测一个单词。被训练的神经网络的副产品是训练词汇表中每个单词的向量表示。

在步骤 1 中,我们导入必要的函数和类。在步骤 2 中,我们初始化目录和模型变量。该目录应该包含我们要训练模型的书籍,而模型路径应该是保存模型的位置。

在步骤 3 中,我们创建了 get_all_book_sentences 函数,它将返回数据集中所有书籍中的所有句子。此函数的第一行创建给定目录中所有文本文件的列表。接下来,我们有一个循环,我们在其中获取每个文本文件的句子并将它们添加到 all_sentences 数组中,最后返回该数组。

在步骤 4 中,我们创建了用于训练 word2vec 模型的函数。唯一需要的参数是单词列表,但其他一些重要参数是 min_count、size、window 和 workers。min_count 是一个词在训练语料库中出现的最小次数,默认为 5。size 参数设置词向量的大小。window 限制了句子中预测词和当前词之间的最大词数。workers 是工作线程的数量;数量越多,训练进行得越快。在训练模型时,epoch 参数将决定模型经历的训练迭代次数。

在函数结束时,我们将模型保存到提供的路径中。

在步骤 6 中,我们使用先前定义的函数从书中获取所有句子。在步骤 7 中,我们将它们小写并将它们标记为单词。然后,我们使用 train_word2vec 函数训练 word2vec 模型;这将需要几分钟。在步骤 8 中,我们使用新训练的模型打印出与单词 river 最相似的单词。由于每次训练的模型都不同,所以您的结果会与我的不同,但从某种意义上说,由此产生的词应该仍然与 river 相似,因为它们是关于自然的。

● 还有更多…

我们可以使用一些工具来评估 word2vec 模型,尽管它的创建是无监督。gensim 附带了一个文件,其中列出了单词类比,例如 "Athens to Greece" 就像 "Moscow to Russia" 一样。evaluate_word_analogies 函数通过模型运行类比并计算有多少是正确的。

以下是我们如何做到这一点:

1. 导入必要的包和函数:

```
from gensim.test.utils import datapath
from gensim.models import KeyedVectors
import pickle
```

2. 加载之前预训练的模型:

```
model = pickle.load(open(word2vec_model_path, 'rb'))
```

3. 根据提供的文件评估模型。该文件位于本书的 GitHub 存储库 Chapter03/questions-words. txt:

```
(analogy_score, word_list) = \
model.wv.evaluate_word_analogies(datapath('questions-
words.txt'))
```

4. 分数是正确类比的比率，因此 1 分表示使用该模型正确回答了所有类比，而 0 分表示没有正确回答。单词列表是按单词类比进行的详细分类。我们可以像这样打印类比分数：

```
print(analogy_score)
```

结果如下：

```
0.20059045432179762
```

5. 我们现在可以加载预训练模型并将其性能与 20 本书模型进行比较。这些命令可能需要几分钟才能运行：

```
pretrained_model_path = "Chapter03/40/model.bin"
pretrained_model = \
KeyedVectors.load_word2vec_format(pretrained_model_path,
                                  binary=True)
(analogy_score, word_list) = \
pretrained_model.evaluate_word_
analogies(datapath('questions-words.txt'))
print(analogy_score)
```

结果如下：

```
0.5867802524889665
```

预训练模型是在更大的语料库上训练的，可以预见，性能更好。然而，它仍然没有得到很高的分数。您的评估应基于您将要使用的文本类型，因为随 gensim 包提供的文件是通用评估。

重要提示

　　确保您的评估基于您将在应用程序中使用的数据类型；否则，您可能会得到误导性的评估结果。

● **请参阅**

还有一种评估模型性能的额外方法；也就是说，通过比较模型分配的单词对与人工分配的判断之间的相似性。您可以使用 evaluate_word_pairs 函数和提供的 wordsim353.tsv 数据文件来执行此操作。您可以在以下位置了解更多信息 https://radimrehurek.com/gensim/models/keyedvectors.html#gensim.models.keyedvectors.FastTextKeyedVectors.evaluate_word_pairs。

3.7 表示短语——phrase2vec

编码单词很有用，但通常我们处理更复杂的单元，例如短语和句子。短语很重要，因为它们指定了比单词更多的细节。例如，短语"delicious fried rice"与"rice"这个词非常不同。

在这个专题中，我们将训练一个既使用短语又使用单词的 word2vec 模型。

● 准备

我们将在本专题中使用 Yelp 餐厅评论数据集，可在此处获得：https://www.yelp.com/dataset（该文件大约为 4GB）。下载文件并将其解压缩到 Chapter03 文件夹中。我在 2020 年 9 月下载了数据集，专题中的结果来自该下载。您的结果可能会有所不同，因为 Yelp 会定期更新数据集。

该数据集是多语言的，我们将使用英语评论。为了过滤它们，我们将需要 langdetect 包。使用 pip 安装它：

```
pip install langdetect
```

● 怎么做…

我们的专题将由两部分组成。第一部分将发现短语并在语料库中标记它们，而第二部分将按照与上一个专题相同的步骤训练 word2vec 模型。这个专题的灵感来自阅读 Kavita Ganesan 的工作（https://kavita-ganesan.com/how-to-incorporate-phrases-into-word2vec-a-text-mining-approach/），使用停用词作为短语边界的想法就是从那里得到的。让我们开始吧：

1. 导入必要的包和函数：

```
import nltk
import string
import csv
import json
import pandas as pd
import gensim
from langdetect import detect
import pickle
from nltk import FreqDist
from Chapter01.dividing_into_sentences import \
divide_into_sentences_nltk
from Chapter01.tokenization import tokenize_nltk
from Chapter01.removing_stopwords import read_in_csv
```

2. 指定 Yelp 的路径！查看 JSON 文件、停用词路径，并读入停用词：

```
stopwords_file = "Chapter01/stopwords.csv"
stopwords = read_in_csv(stopwords_file)
yelp_reviews_file = "Chapter03/yelp-dataset/review.json"
```

3. get_yelp_reviews 函数将从文件中读取前 10000 行并仅过滤出英文文本：

```
def get_yelp_reviews(filename):
    reader = pd.read_json(filename, orient="records",
                          lines=True,
                          chunksize=10000)
    chunk = next(reader)
    text = ''
    for index, row in chunk.iterrows():
        row_text =row['text']
        lang = detect(row_text)
        if (lang == "en"):
            text = text + row_text.lower()
    return text
```

4. get_phrases 函数记录文本中所有已找到的短语，然后创建一个字典，其中原始短语作为键，带有下划线而不是空格的短语作为条目。边界是停用词或标点符号。使用这个函数，我们将获取文本中的所有短语，然后在数据集中对它们进行标注：

```
def get_phrases(text):
    words = nltk.tokenize.word_tokenize(text)
    phrases = {}
    current_phrase = []
    for word in words:
        if (word in stopwords or word in \
            string.punctuation):
            if (len(current_phrase) > 1):
                phrases[" ".join(current_phrase)] = \
                "_".join(current_phrase)
                current_phrase = []
        else:
            current_phrase.append(word)
    if (len(current_phrase) > 1):
        phrases[" ".join(current_phrase)] = \
        "_".join(current_phrase)
    return phrases
```

5. replace_phrases 函数采用文本语料库并用它们的下划线版本替换短语：

```
def replace_phrases(phrases_dict, text):
    for phrase in phrases_dict.keys():
        text = text.replace(phrase, phrases_dict[phrase])
    return text
```

6. write_text_to_file 函数将字符串和文件名作为输入，并将文本写入指定文件：

```
def write_text_to_file(text, filename):
    text_file = open(filename, "w", encoding="utf-8")
    text_file.write(text)
    text_file.close()
```

7. create_and_save_frequency_dist 函数接收一个单词列表和一个文件名作为输入，创建一个频率分布，并将其保存到提供的文件中：

```
def create_and_save_frequency_dist(word_list, filename):
    fdist = FreqDist(word_list)
    pickle.dump(fdist, open(filename, 'wb'))
    return fdist
```

8. 现在，我们可以使用前面的函数来发现和标记短语，然后训练模型。首先，读入 Yelp! 评论，找到短语，并将其中的空格替换为原文中的下划线。然后我们可以将转换后的文本保存到文件中：

```
text = get_yelp_reviews(yelp_reviews_file)
phrases = get_phrases(text)
text = replace_phrases(phrases, text)
write_text_to_file(text, "Chapter03/all_text.txt")
```

9. 现在，我们将创建一个 FreqDist 对象来查看最常见的单词和短语。首先，将文本分割成句子，然后将每个句子分割成单词，再创建一个扁平的单词列表而不是列表的列表（稍后我们将使用列表的列表来训练模型）：

```
sentences = divide_into_sentences_nltk(text)
all_sentence_words=[tokenize_nltk(sentence.lower()) for \
                    sentence in sentences]
flat_word_list = [word.lower() for sentence in \
                  all_sentence_words for word in \
                  sentence]
fdist = \
create_and_save_frequency_dist(flat_word_list,
                               "Chapter03/fdist.bin")
```

10. 我们可以从 FreqDist 对象中打印最常用的词：

```
print(fdist.most_common()[:1000])
```

结果如下：

```
[('.', 70799), ('the', 64657), (',', 49045), ('and',
40782), ('i', 38192), ('a', 35892), ('to', 26827),
('was', 23567), ('it', 21520), ('of', 19241), ('is',
16366), ('for', 15530), ('!', 14724), ('in', 14670),
('that', 12265), ('you', 11186), ('with', 10869), ('my',
10508), ('they', 10311), ('but', 9919), ('this', 9578),
('we', 9387), ("n't", 9016), ('on', 8951), ("'s", 8732),
('have', 8378), ('not', 7887), ('were', 6743), ('are',
6591), ('had', 6586), ('so', 6528), (')', 6251), ('at',
6243), ('as', 5898), ('(', 5563), ('there', 5341),
('me', 4819), ('be', 4567), ('if', 4465), ('here', 4459),
('just', 4401), ('all', 4357), ('out', 4241), ('like',
4216), ('very', 4138), ('do', 4064), ('or', 3759), …]
```

11. 我们现在训练 word2vec 模型：

```
model = \
create_and_save_word2vec_model(all_sentence_words,
                    "Chapter03/phrases.model")
```

12. 我们现在可以通过查看和 highly recommend 以及 happy hour 最相似的单词来测试模型：

```
words = model.wv.most_similar("highly_recommend",
topn=10)
```
```
print(words)
```
```
words = model.wv.most_similar("happy_hour", topn=10)
```
```
print(words)
```

结果如下：

```
[('recommend', 0.7311313152313232), ('would_definitely_
recommend', 0.7066166400909424), ('absolutely_
recommend', 0.6534838676452637), ('definitely_
recommend', 0.6242724657058716), ('absolutely_love',
0.5880271196365356), ('reccomend', 0.5669443011283875),
('highly_recommend_going', 0.5308369994163513),
('strongly_recommend', 0.5057551860809326), ('recommend_
kingsway_chiropractic', 0.5053386688232422),
('recommending', 0.5042617321014404)]

[('lunch', 0.5662612915039062), ('sushi',
0.5589481592178345), ('dinner', 0.5486307740211487),
('brunch', 0.5425440669059753), ('breakfast',
```

```
0.5249745845794678), ('restaurant_week',
0.4805092215538025), ('osmosis', 0.44396835565567017),
('happy_hour.wow', 0.4393075406551361), ('actual_
massage', 0.43787407875061035), ('friday_night',
0.4282568395137787)]
```

13. 我们还可以测试不太常用的短语，例如 fried rice 和 dim sum：

```
words = model.wv.most_similar("fried_rice", topn=10)
print(words)
words = model.wv.most_similar("dim_sum", topn=10)
print(words)
```

结果如下：

```
[('pulled_pork', 0.5275152325630188), ('pork_belly',
0.5048087239265442), ('beef', 0.5020794868469238),
('hollandaise', 0.48470234870910645), ('chicken',
0.47735923528671265), ('rice', 0.4758814871311188),
('pork', 0.457661509513855), ('crab_rangoon',
0.4489888846874237), ('lasagna', 0.43910956382751465),
('lettuce_wraps', 0.4385792315006256)]
```

```
[('late_night', 0.4120914041996002), ('lunch',
0.4054332971572876), ('meal.we', 0.3739640414714813),
('tacos', 0.3505086302757263), ('breakfast',
0.34057727456092834), ('high_end_restaurant',
0.33562248945236206), ('cocktails', 0.3332172632217407),
('lunch_specials', 0.33315491676330566), ('longer_
period', 0.33072057366371155), ('bubble_tea',
0.32894694805145264)]
```

● 它是如何工作的…

本专题中的许多处理步骤需要很长时间，因此，我们将中间结果保存到文件中。

在步骤 1 中，我们导入必要的包和函数。在步骤 2 中，我们为停用词文件和 Yelp! 评论文件分配变量定义，然后读入停用词。

在步骤 3 中，我们定义了 get_yelp_reviews 函数，该函数读取评论。评论文件的大小为 3.9GB，可能无法放入内存中（或者它能放入但会极大地降低您的计算机速度）。为了解决这个问题，我们可以使用 pandas read_json 方法，它可以让我们一次读取指定数量的行。在代码中，我只使用了前 10000 行，尽管还有更多。此方法创建一个 pandas Dataframe 对象。我们一一遍历对象的行，并使用 langdetect 包来确定评论文本是否为英文。然后，我们只在文本中包含英文评论。

在步骤 4 中，我们定义了 get_phrases 函数。该函数将评论语料库作为输入，并检测它们在语义上是一个单元，例如 fried rice。该函数通过将标点符号和停用词视为边界标记来找到它们。它们之间的任何内容都被视为一个短语。找到所有短语后，我们用下划线替换空格，以便 word2vec 模块将它们视为一个标记。该函数返回一个字典，其中键是带空格的输入短语，值是带下划线的短语。

在步骤 5 中，我们定义了 replace_phrases 函数，该函数接收评论语料库并替换来自 phrases_dict 对象的所有短语。现在，语料库包含所有带下划线的短语。

在步骤 6 中，我们定义了 write_text_to_file 函数，该函数将提供的文本保存到指定文件名的文件中。

在步骤 7 中，我们创建了 create_and_save_frequency_dist 函数，该函数从提供的语料库中创建 FreqDist 对象并将其保存到文件中。我们创建这个函数的原因是为了说明高频短语，比如 highly recommend 和 happy hour，用 word2vec 有很好的效果，而对于低频短语，例如 fried rice 和 dim sum，相似词的质量开始下降。解决方案是处理大量数据，这当然会减慢标记和训练过程。

在步骤 8 中，我们使用 get_yelp_reviews 函数创建文本评论语料库，然后使用 get_phrases 函数创建短语字典。最后，我们将生成的语料库写入文件。

在步骤 9 中，我们创建了一个 FreqDist 对象，它将向我们展示语料库中最常见的单词和短语。首先，我们将文本分成句子。然后，我们使用列表解析来获取句子中的所有单词。之后，我们将生成的双列表展平，并将所有单词小写。最后，我们使用 create_and_save_frequency_dist 函数来创建 FreqDist 对象。

在步骤 10 中，我们打印频率分布中最常见的单词和短语。结果显示了语料库中最常见的词。您的数字和单词顺序可能会有所不同，因为 Yelp 数据集会定期更新。在步骤 11 和步骤 12 中，您可以使用在结果中或多或少出现的其他短语。

在步骤 11 中，我们训练 word2vec 模型。在步骤 12 中，我们打印出与 highly recommend 和 happy hour 短语最相似的词。这些短语频繁出现，相似的词确实相似，其中"recommend"和"would definitely recommend"是与"highly recommend"最相似的短语。

在步骤 13 中，我们打印出与短语"fried rice"和"dim sum"最相似的词。由于这些是低频短语，我们可以看到模型返回的最相似的词与输入非常相似。

中间步骤之一是创建频率分布。

● 请参阅

Kavita Ganesan 制作了一个 Python 包，用于使用 PySpark 从大型语料库中提取短语，她的代码可在 https://github.com/kavgan/phrase-at-scale/ 获得。您可以在她的博客上阅读她的方法 https://kavita-ganesan.com/how-to-incorporate-phrases-into-word2vec-a-text-mining-approach/。

3.8 使用 BERT 代替词嵌入

嵌入领域的最新发展是 BERT，也称为 Transformers 的双向编码器表示（Bidirectional

Encoder Representations from Transformers），它就像词嵌入一样，给出了一个向量表示，但它考虑了上下文并且可以表示一个完整的句子。我们可以使用 Hugging Face sentence_transformers 包将句子表示为向量。

● 准备

对于这个专题，我们需要使用 Torchvision 安装 PyTorch，然后是 Hugging Face 中的 transformers 和句子 transformers。在 Anaconda 提示符下执行这些安装步骤。对于 Windows，请使用以下代码：

```
conda install pytorch torchvision cudatoolkit=10.2 -c pytorch
pip install transformers
pip install -U sentence-transformers
```

对于 macOS，请使用以下代码：

```
conda install pytorch torchvision torchaudio -c pytorch
pip install transformers
pip install -U sentence-transformers
```

● 怎么做…

Hugging Face 代码让使用 BERT 变得非常容易。代码第一次运行时，会下载必要的模型，这可能需要一些时间。下载后，只需使用模型对句子进行编码即可。我们将使用之前为此使用过的 sherlock_holmes_1. txt 文件。让我们开始吧：

1. 导入 SentenceTransformer 类和辅助方法：

```
from sentence_transformers import SentenceTransformer
from Chapter01.dividing_into_sentences import read_text_
file, \
divide_into_sentences_nltk
```

2. 读入文本文件，将文本切分成句子：

```
text = read_text_file("sherlock_holmes.txt")
sentences = divide_into_sentences_nltk(text)
```

3. 加载句子 transformer 模型：

```
model = SentenceTransformer('bert-base-nli-mean-tokens')
```

4. 获取句子嵌入：

```
sentence_embeddings = model.encode(sentences)
```

结果如下：

```
[[-0.41089028  1.1092614    0.653306    ... -0.9232089
0.4728682
```

```
    0.36298898]
   [-0.16485551   0.6998439    0.7076392   ... -0.40428287
  -0.30385852

    -0.3291511 ]
   [-0.37814915   0.34771013  -0.09765357  ...  0.13831234
  0.3604408

    0.12382    ]

  ...

   [-0.25148678   0.5758055    1.4596572   ...  0.56890184
  -0.6003894

    -0.02739916]
   [-0.64917654   0.3609671    1.1350367   ... -0.04054655
  0.07568665

    0.1809447  ]
   [-0.4241825    0.48146117   0.93001956  ...  0.73677135
  -0.09357803

    -0.0036802 ]]
```

5. 我们还可以对句子的一部分进行编码，例如名词块：

```
sentence_embeddings = model.encode(["the beautiful
lake"])
print(sentence_embeddings)
```

结果如下：

```
[[-7.61981383e-02 -5.74670374e-01  1.08264232e+00
7.36554384e-01

    5.51345229e-01 -9.39117730e-01 -2.80430615e-01
-5.41626096e-01

    7.50949085e-01 -4.40971524e-01  5.31526923e-01
-5.41883349e-01

    1.92792594e-01  3.44117582e-01  1.50266397e+00
-6.26989722e-01

   -2.42828876e-01 -3.66734862e-01  5.57459474e-01
-2.21802562e-01 ...]]
```

● 它是如何工作的…

句子 transformer 的 BERT 模型是一个预训练模型，就像 word2vec 模型一样，将句子编码为向量。word2vec 模型和句子 transformer 模型之间的区别在于我们用后者编码句子，而不是单词。

在步骤 1 中，我们导入 SentenceTransformer 对象和辅助函数。在步骤 2 中，我们读入

sherlock_holmes_1. txt 文件的文本并将其分成句子。在步骤 3 中，我们加载预训练模型。在步骤 4 中，我们加载文本中每个句子的向量。在步骤 5 中，我们对短语 the beautiful lake 进行编码。由于编码函数需要一个列表，因此我们创建了一个单元素列表。

一旦我们使用模型对句子进行了编码，我们就可以在下游任务中使用它们，例如分类或情感分析。

3.9　语义搜索入门

在这个专题中，我们将了解如何在 word2vec 模型的帮助下开始扩展搜索。当我们搜索一个词时，如果没有使用文档中包含的确切词时，我们希望搜索引擎向我们显示带有同义词的结果。搜索引擎比我们将在专题中展示的复杂得多，但这应该让您体验构建可定制的搜索引擎的感觉。

● 准备

我们将使用来自 Kaggle 的 IMDb 数据集，可以从 https://www.kaggle.com/PromptCloud-HQ/imdb-data 下载。下载数据集并解压缩 CSV 文件。

我们还将使用一个名为 Whoosh 的小型 Python 搜索引擎。使用 pip 安装它：

```
pip install whoosh
```

我们还将使用来自"使用词嵌入"专题的预训练 word2vec 模型。

● 怎么做…

我们将为 Whoosh 搜索引擎创建一个类，该类将基于 IMDb 文件创建文档索引。然后，我们将加载预训练的 word2vec 模型并使用它来扩充我们传递给引擎的查询。让我们开始吧：

1. 导入辅助方法和类：

```
from whoosh.fields import Schema, TEXT, KEYWORD, ID,
STORED, DATETIME
from whoosh.index import create_in
from whoosh.analysis import StemmingAnalyzer
from whoosh.qparser import MultifieldParser
import csv
from Chapter03.word_embeddings import w2vec_model_path
from Chapter03.word_embeddings import load_model
```

2. 在 Chapter03 文件夹中创建一个名为 whoosh_index 的目录。然后，设置搜索引擎索引的路径和 IMDb 数据集路径：

```
imdb_dataset_path = "Chapter03/IMDB-Movie-Data.csv"
search_engine_index_path = "Chapter03/whoosh_index"
```

3. 创建 IMDBSearchEngine 类。可以在本书的 GitHub 存储库中找到此类的完整代码。其中最重要的部分是 query_engine 函数：

```
class IMDBSearchEngine:
…


    def query_engine(self, keywords):
        with self.index.searcher() as searcher:
            query=\
            MultifieldParser(["title", "description"],
                                self.index.schema).\
                                parse(keywords)
            results = searcher.search(query)
            print(results)
            print(results[0])
            return results
```

4. get_similar_words 函数接收一个单词和预训练模型，并返回与给定词相似的前三个单词：

```
def get_similar_words(model, search_term):
    similarity_list = model.most_similar(search_term,
topn=3)
    similar_words = [sim_tuple[0] for sim_tuple in \
                        similarity_list]
    return similar_words
```

5. 现在，我们可以初始化搜索引擎。当索引尚不存在时，使用第一行初始化搜索引擎，当您已经创建一次时使用第二行：

```
search_engine = \
IMDBSearchEngine(search_engine_index_path,
                imdb_dataset_path,
                load_existing=False)
#search_engine = \
IMDBSearchEngine(search_engine_index_path,
                load_existing=True)
```

6. 加载 word2vec 模型：

```
model = load_model(w2vec_model_path)
```

7. 假设用户想找到电影 Colossal，但忘记了它的真名，所以他们搜索了 gigantic。我们将使用 gigantic 作为搜索词：

```
search_term = "gigantic"
```

8. 我们将得到三个与输入词相似的单词：

```
other_words = get_similar_words(model, search_term)
```

9. 然后我们将查询引擎以返回包含这些词的所有电影：

```
results = \
search_engine.query_engine(" OR ".join([search_term] +
                            other_words))
```

```
print(results[0])
```

10. 结果将是 ID 为 15 的电影，也就是电影 Colossal：

```
<Hit {'movie_id': '15'}>
```

● 它是如何工作的…

在步骤 1 中，我们导入必要的包和函数。在步骤 2 中，我们初始化数据集和搜索引擎路径。确保在 Chapter03 文件夹中创建一个名为 whoosh_index 的目录。

在步骤 3 中，我们创建 IMDBSearchEngine 类。构造函数采用以下参数：搜索引擎索引的路径、CSV 数据集的路径（默认为空字符串）和 load_existing 布尔参数（默认为 False）。如果 load_existing 为 False，则 imdb_path 需要指向数据集。在这种情况下，将在 index_path 变量提供的路径上创建一个新索引。如果 load_existing 为 True，则忽略 imdb_path 变量，并从 index_path 加载现有索引。

所有索引都是使用模式创建的，并且这个搜索引擎的模式是在 create_schema 函数中创建的。模式指定有关文档的信息将包含哪些字段。在这种情况下，它是电影的标题、描述、类型、导演、演员和发行年份。然后使用 populate_index 函数创建文档索引。一旦索引被填充，我们不需要重新索引它，并且可以从磁盘打开索引。

query_engine 函数使用发送给它的关键词搜索索引。创建查询解析器时，我们使用 MultifieldParser 类，以便我们可以搜索多个字段；在本例中是标题和描述。

在步骤 4 中，我们创建了 get_similar_words 函数，该函数返回与使用 word2vec 模型传入的单词相似的前三个单词。这应该在"使用词嵌入"专题中很熟悉。该函数获取单词相似度得分元组列表并返回单词列表。

在步骤 5 中，我们创建 search_engine 对象。有两行，第一行从头开始创建一个新的搜索引擎，而第二行加载现有索引。您应该第一次运行第一行，之后每隔一次运行第二行。

在步骤 6 中，我们加载 word2vec 模型。

在步骤 7 中，我们将搜索词设置为 gigantic。在步骤 8 中，我们使用 get_similar_words 函数获取初始搜索词的前三个相似词。在步骤 9 中，我们使用 search_engine 对象将原始搜索词和相似词作为查询执行搜索。结果是电影编号 15，Colossal，这是正确答案。

● 请参阅

请参阅 Whoosh 官方文档以了解其使用方式。它可以在 https://whoosh. readthedocs. io/en/latest/找到。

第4章
文本分类

在本章中，我们将使用不同的方法对文本进行分类。看完本章，您将能够使用关键词、无监督聚类和两种监督算法——支持向量机（SVM）和长短期记忆神经网络（LSTM）对文本进行预处理和分类。

这是本章中的专题列表：

- 准备好数据集和评估基准
- 使用关键词执行基于规则的文本分类
- 使用 K-means 聚类句子——无监督文本分类
- 使用 SVM 进行有监督的文本分类
- 使用 LSTM 进行有监督的文本分类

4.1　技术要求

本章的代码位于本书 GitHub 存储库（https：//github. com/PacktPublishing/Python-Natural-Language-Processing-Cookbook）中名为 Chapter04 的文件夹中。我们将有一些包需要安装：numpy、sklearn、pandas、tensorflow、keras 和 tqdm。安装它们使用这些命令：

```
pip install numpy
pip install sklearn
pip install pandas
pip install tensorflow
pip install keras
pip install tqdm
```

还请按照各个专题说明获取数据集。

4.2　准备好数据集和评估基准

文本分类是一个经典的 NLP 问题。此 NLP 任务涉及为文本赋值，例如主题或情绪，任何此类任务都需要评估。在这个专题中，我们将加载一个数据集，为处理做准备，并创建一个评估基准。该专题建立在第 3 章"表示文本——捕获语义"中的一些专题的基础上，我们使用不同的工具以计算机可读的形式表示文本。

● 准备

对于本章中的大多数专题，我们将使用 BBC 新闻数据集，其中包含来自五个主题的文本：商业、娱乐、政治、体育和科技。数据集位于本章 GitHub 目录中的 bbc-text.csv 文件。

在这个专题中，我们将需要两个额外的包：numpy 和 sklearn。使用 pip 安装它们：

```
pip install numpy
pip install sklearn
```

● 怎么做…

在这个专题中，我们将只对五个主题中的两个进行分类，即体育和商业。我们会从提供的 CSV 文件加载数据集并将其格式化为 numpy 数组。然后，我们将使用 TfidfVectorizer 类，您可能还记得上一章中的内容，将文本表示为向量。

以下是步骤：

1. 引用必要的库：

```
import csv
import nltk
import string
import numpy as np
from nltk.probability import FreqDist
from sklearn.feature_extraction.text import TfidfVectorizer
from sklearn.metrics import classification_report
from sklearn.model_selection import train_test_split
from sklearn.dummy import DummyClassifier
from sklearn import preprocessing
from nltk.stem.snowball import SnowballStemmer
from Chapter01.tokenization import tokenize_nltk
```

2. 初始化全局变量：

```
stemmer = SnowballStemmer('english')
bbc_dataset = "Chapter04/bbc-text.csv"
stopwords_file_path = "Chapter01/stopwords.csv"
stopwords = []
```

3. 我们将使用以下函数读入 CSV 文件：

```
def read_in_csv(csv_file):
    with open(csv_file, 'r', encoding='utf-8') as fp:
        reader = csv.reader(fp, delimiter=',',
                            quotechar='"')
    data_read = [row for row in reader]
    return data_read
```

4. 我们将使用另一个函数来标记和词干化单词，包括停用词：

```
def tokenize_and_stem(sentence):
    tokens = nltk.word_tokenize(sentence)
    filtered_tokens = [t for t in tokens if t not in
                       string.punctuation]
    stems = [stemmer.stem(t) for t in filtered_tokens]
    return stems
```

5. 这是获取停用词的函数：

```
def get_stopwords(path=stopwords_file_path):
    stopwords = read_in_csv(path)
    stopwords = [word[0] for word in stopwords]
    stemmed_stopwords = [stemmer.stem(word) for word in
                         stopwords]
    stopwords = stopwords + stemmed_stopwords
    return stopwords
```

6. 我们可以立即使用 get_stopwords 函数来填充停用词列表：

```
stopwords = get_stopwords(stopwords_file_path)
```

7. get_data 函数将输入数据表示为字典：

```
def get_data(filename):
    data = read_in_csv(filename)
    data_dict = {}
    for row in data[1:]:
        category = row[0]
        text = row[1]
        if (category not in data_dict.keys()):
            data_dict[category] = []
        data_dict[category].append(text)
    return data_dict
```

8. 我们可以用下面的代码打印出每个主题的文本数量：

```
for topic in data_dict.keys():
    print(topic, "\t", len(data_dict[topic]))
```

结果如下：

```
tech        401
business        510
sport       511
entertainment       386
politics        417
```

9. get_stats 函数将返回一个 FreqDist 对象，该对象将提供文本中最常用的单词：

```
def get_stats(text, num_words=200):
    word_list = tokenize_nltk(text)
    word_list = [word for word in word_list if word
                        not in stopwords and re.search(
                                    "[A-Za-z]", word)]
    freq_dist = FreqDist(word_list)
    print(freq_dist.most_common(num_words))
    return freq_dist
```

10. 我们现在可以使用前面的函数来获取商业和体育文本并查看它们的词汇差异：

```
data_dict = get_data(bbc_dataset)
business_data = data_dict["business"]
sports_data = data_dict["sport"]
business_string = " ".join(business_data)
sports_string = " ".join(sports_data)
get_stats(business_string)
get_stats(sports_string)
```

输出如下所示，首先是业务，然后是运动：

```
[('year', 637), ('market', 425), ('new', 416),
('company', 415), ('growth', 384), ('last', 365),
('firm', 362), ('economy', 359), ('government', 340),
('bank', 335), ('sales', 316), ('economic', 310),
('oil', 294), ('shares', 265), ('world', 252), ('years',
247), ('prices', 246), ('chief', 236), ('china', 223),
('business', 218), ('companies', 212), ('analysts', 209),
('uk', 207), ('deal', 206), ('rise', 203), ('expected',
200), ('group', 199), ('financial', 197), ('yukos',
```

196), ('firms', 193), ('dollar', 180), ('december',
173), ('country', 173), ('months', 170), ('people',
170), ('stock', 168), ('first', 165), ('president',
165), ('three', 164), ('time', 159), ('european', 159),
('rate', 159), ('state', 158), ('trade', 158), ('told',
155), ('investment', 153), ('demand', 151), ('interest',
151),…]

[('game', 476), ('england', 459), ('first', 437),
('win', 415), ('world', 379), ('last', 376), ('time',
327), ('back', 318), ('players', 307), ('play', 292),
('cup', 290), ('new', 285), ('m', 280), ('o', 276),
('side', 270), ('ireland', 270), ('year', 267), ('team',
265), ('wales', 265), ('good', 258), ('club', 254),
('six', 246), ('match', 245), ('won', 241), ('three',
230), ('set', 228), ('final', 228), ('coach', 228),
('france', 227), ('season', 223), ('get', 212), ('rugby',
210), ('injury', 208), ('think', 204), ('take', 201),
('chelsea', 201), ('added', 200), ('great', 191),
('open', 181), ('victory', 180), ('best', 178), ('years',
177), ('next', 174), ('told', 174), ('league', 172),
('games', 171), …]

11. 我们将使用 create_vectorizer 函数为文本创建 TFIDF 向量化器：

```
def create_vectorizer(text_list):

    tfidf_vectorizer = \
    TfidfVectorizer(max_df=0.90, max_features=200000,
                    min_df=0.05, stop_words='english',
                    use_idf=True,
                    tokenizer=tokenize_and_stem,
                    ngram_range=(1,3))
    tfidf_vectorizer.fit_transform(text_list)
    return tfidf_vectorizer
```

12. 我们将使用 split_test_train 函数将数据集拆分为训练集和测试集：

```
def split_test_train(data, train_percent):
    train_test_border = \
    math.ceil(train_percent*len(data))
    train_data = data[0:train_test_border]
    test_data = data[train_test_border:]
    return (train_data, test_data)
```

13. 现在我们拆分商业新闻和体育新闻，以获取它们的训练和测试数据，并仅使用训练数据创建一个向量化器：

```
(business_train_data, business_test_data) = \
 split_test_train(business_data, 0.8)
(sports_train_data, sports_test_data) = \
 split_test_train(sports_data, 0.8)
train_data = business_train_data + sports_train_data
tfidf_vec = create_vectorizer(train_data)
```

14. 借助前面的函数，我们得到标签编码器：

```
le = get_labels(["business", "sport"])
```

15. 我们将使用 create_dataset 函数将文本数据转换为 numpy 数组：

```
def create_dataset(vectorizer, data_dict, le):
    business_news = data_dict["business"]
    sports_news = data_dict["sport"]
    (sports_vectors, sports_labels) = \
     create_data_matrix(sports_news, vectorizer,
                        "sport", le)
    (business_vectors, business_labels) = \
     create_data_matrix(business_news, vectorizer,
                        "business", le)
    all_data_matrix = np.vstack((business_vectors,
                                sports_vectors))
    labels = np.concatenate([business_labels,
                            sports_labels])
    return (all_data_matrix, labels)
```

16. create_dataset 函数使用 create_data_matrix 辅助函数，该函数使用向量化器对文本进行编码，使用 LabelEncoder 对象对标签进行编码：

```
def create_data_matrix(input_data, vectorizer, label,
le):
    vectors = \
    vectorizer.transform(input_data).todense()
    labels = [label]*len(input_data)
    enc_labels = le.transform(labels)
    return (vectors, enc_labels)
```

17. 我们现在创建两个数据字典——一个训练字典和一个测试字典，然后创建训练和测试数据集：

```
train_data_dict = {'business':business_train_data,
                   'sport':sports_train_data}
test_data_dict = {'business':business_test_data,
                  'sport':sports_test_data}
(X_train, y_train) = \
create_dataset(tfidf_vec, train_data_dict, le)
(X_test, y_test) = \
create_dataset(tfidf_vec, test_data_dict, le)
```

18. 我们现在创建一个虚拟分类器，它随机且均匀地分配类别。我们将使用 predict_trivial 函数为我们在下一个专题中构建的分类器建立基准：

```
def predict_trivial(X_train, y_train, X_test, y_test,
le):
    dummy_clf = DummyClassifier(strategy='uniform',
                               random_state=0)
    dummy_clf.fit(X_train, y_train)
    y_pred = dummy_clf.predict(X_test)
    print(dummy_clf.score(X_test, y_test))
    print(classification_report(y_test, y_pred,
        labels=le.transform(le.classes_),
        target_names=le.classes_))
```

19. 我们现在在数据集上使用 predict_trivial 函数：

```
predict_trivial(X_train, y_train, X_test, y_test, le)
```

结果如下：

	precision	recall	f1-score	support
business	0.45	0.44	0.44	102
sport	0.45	0.45	0.45	102
accuracy			0.45	204
macro avg	0.45	0.45	0.45	204
weighted avg	0.45	0.45	0.45	204

● 它是如何工作的…

该程序执行以下操作：

1. 读取 BBC 主题数据集；

2. 使用 TFIDF 向量化器将其文本表示为向量；

3. 将主题标签表示为数字;

4. 分析每个主题可用的文本数量以及两个最多主题的最常用词;

5. 在数据上训练一个虚拟分类器。

在步骤 1 中,我们导入必要的包和函数。在步骤 2 中,我们初始化全局变量。在步骤 3 中,我们定义了 read_in_csv 函数,该函数读取文件并将数据作为列表返回。在步骤 4 中,我们定义了 tokenize_and_stem 函数,它读入一个句子,将其拆分为单词,删除标点符号,最后词干化生成的标记。

在步骤 5 中,我们定义了 get_stopwords 函数,该函数读取停用词文件并返回列表中的停用词,在步骤 6 中我们使用它来获取停用词列表。

在步骤 7 中,我们定义了 get_data 函数,它将 CSV 输入转换为字典,其中键是五个主题,值是该主题的文本列表。

在步骤 8 中,我们打印出每个主题的文本数量。由于商业和体育的例子最多,我们使用这两个主题进行分类。

在步骤 9 中,我们创建了 get_stats 函数。在该函数中,我们标记文本,然后删除所有停用词和包含除英文字母以外的字符的单词,最后我们创建一个 FreqDist 对象,它提供有关文本中出现频率最高的词。在步骤 10 中,我们使用 get_stats 函数获取数据并比较商业和体育新闻。我们看到,对于商业和体育,分布非常不同,尽管它们共享一些常用词,例如世界。

在步骤 11 中,我们定义了 create_vectorizer 函数,它将我们的文本编码为用于分类器的向量。在其中,我们使用第 3 章 "表示文本——捕获语义" 中的 TfidfVectorizer 类。在步骤 12 中,我们创建了 split_test_train 函数,它将数据集拆分为训练集和测试集。该函数接收数据和要用于训练的数据的百分比。它计算列表需要拆分的边界,并使用它来创建两个列表,一个是训练,另一个是测试。

在步骤 13 中,我们将商业和体育新闻列表分开,其中 80% 的数据保留用于训练,20% 用于测试。然后我们创建向量化器,包括商业和体育新闻。分类器的创建是训练过程的一部分,因此只使用训练数据。

在步骤 14 中,我们创建了标签编码器,它将使用 LabelEncoder 类将文本标签转换为数字。在步骤 15 中,我们定义了 create_dataset 函数,它接收向量化器、输入数据字典和标签编码器,并为商业和体育新闻创建向量编码文本和标签的 numpy 数组。

在步骤 16 中,我们定义了 create_data_matrix 函数,它是 create_dataset 的辅助函数。它接收一个文本列表、向量化器、正在使用的标签以及标签编码器。然后,它使用向量化器创建文本的向量表示。它还创建一个标签列表,然后使用标签编码器对它们进行编码。

在步骤 17 中,我们创建了一个训练和测试数据字典,并使用 create_dataset 函数创建训练和测试数据集。在步骤 18 中,我们定义了 predict_trivial 函数,它是 DummyClassifier 类,用于预测新闻条目的标签。我们使用统一策略,随机生成预测。然后,我们使用 classification_report 方法从 sklearn 类进行标准评估，计算准确率、召回率、精确率和 F1。

在步骤 19 中，我们在数据集上使用 predict_trivial 函数。结果表明，虚拟分类器得到大约 45% 的正确答案，略低于随机概率。

4.3　使用关键词执行基于规则的文本分类

在这个专题中，我们将使用关键词对商业和体育数据进行分类。我们将创建一个带有关键词的分类器，我们将从上一个专题的频率分布中选择这些关键词。

● 准备

我们将继续使用我们在上一个专题中使用的 sklearn、numpy 和 nltk 包中的类。

● 怎么做…

在这个专题中，我们将使用精心挑选的商业和体育词汇来创建一个关键词分类器，我们将使用与上一个专题中的虚拟分类器相同的方法对其进行评估。此专题的步骤如下：

1. 引用必要的库：

```
import numpy as np
import string
from sklearn import preprocessing
from sklearn.metrics import classification_report
from sklearn.model_selection import train_test_split
from sklearn.feature_extraction.text import
CountVectorizer
from itertools import repeat
from nltk.probability import FreqDist
from Chapter01.tokenization import tokenize_nltk
from Chapter04.preprocess_bbc_dataset import get_data
from Chapter04.preprocess_bbc_dataset import get_
stopwords
```

2. 在检查了商业和体育词汇中 200 个最常用的词后，我们手动选择了体育和商业词汇：

```
business_vocabulary = ["market", "company", "growth",
"firm", "economy", "government", "bank", "sales", "oil",
"prices", "business", "uk", "financial", "dollar",
"stock","trade", "investment", "quarter", "profit",
"jobs", "foreign", "tax","euro", "budget", "cost",
"money", "investor", "industry", "million", "debt"]
```

```
sports_vocabulary = ["game", "england", "win", "player",
"cup", "team", "club", "match","set", "final",
"coach", "season", "injury", "victory", "league",
"play","champion", "olympic", "title", "ball", "sport",
"race", "football", "rugby","tennis", "basketball",
"hockey"]
```

3. 我们现在创建两种不同的向量化器，一种用于体育，另一种用于商业：

```
business_vectorizer = \
CountVectorizer(vocabulary=business_vocabulary)
sports_vectorizer = \
CountVectorizer(vocabulary=sports_vocabulary)
```

4. 初始化其他全局变量：

```
bbc_dataset = "Chapter04/bbc-text.csv"
stopwords_file_path = "Chapter01/stopwords.csv"
stopwords = get_stopwords(stopwords_file_path)
```

5. 定义一个函数来创建标签编码器并创建它：

```
def get_labels(labels):
    le = preprocessing.LabelEncoder()
    le.fit(labels)
    return le
le = get_labels(["business", "sport"])
```

6. create_dataset 函数将从数据中创建一个 numpy 数组：

```
def create_dataset(data_dict, le):
    data_matrix = []
    classifications = []
    gold_labels = []
    for text in data_dict["business"]:
        gold_labels.append(le.transform(["business"]))
        text_vector = transform(text)
        data_matrix.append(text_vector)
    for text in data_dict["sport"]:
        gold_labels.append(le.transform(["sport"]))
        text_vector = transform(text)
        data_matrix.append(text_vector)
    X = np.array(data_matrix)
    y = np.array(gold_labels)
    return (X, y)
```

7. transform 函数将接收文本并将其转换为向量：

```
def transform(text):
    business_X = business_vectorizer.transform([text])
    sports_X = sports_vectorizer.transform([text])
    business_sum = \
    sum(business_X.todense().tolist()[0])
    sports_sum = sum(sports_X.todense().tolist()[0])
    return np.array([business_sum, sports_sum])
```

8. 我们现在定义 classify 函数，它将为输入文本分配一个 sport 或 business 标签：

```
def classify(vector, le):
    label = ""
    if (vector[0] > vector[1]):
        label = "business"
    else:
        label = "sport"
    return le.transform([label])
```

9. 评估函数将评估我们分类器的性能：

```
def evaluate(X, y):
    y_pred = np.array(list(map(classify, X,
                              repeat(le))))
    print(classification_report(y, y_pred,
        labels=le.transform(le.classes_),
        target_names=le.classes_))
```

10. 我们现在可以使用前面的函数来评估我们提供的所有数据的分类器：

```
data_dict = get_data(bbc_dataset)
(X, y) = create_dataset(data_dict, le)
evaluate(X, y)
```

结果如下：

	precision	recall	f1-score	support
business	1.00	0.98	0.99	510
sport	0.98	1.00	0.99	511
accuracy			0.99	1021
macro avg	0.99	0.99	0.99	1021
weighted avg	0.99	0.99	0.99	1021

● 它是如何工作的…

在步骤 1 中，我们导入必要的函数和包。在步骤 2 中，我们定义商业和体育词汇，以便以后在商业和体育向量化器中使用它们。我们通过查看前一个专题中的前 200 个单词数据，为每个类别选择了最具代表性的单词。我没有使用出现在两个类别中的单词，比如 world。

在步骤 3 中，我们使用步骤 2 中定义的词汇表创建了两种向量化器，一种用于商业，一种用于体育。在步骤 4 中，我们初始化其他全局变量。在步骤 5 中，我们定义 get_labels 函数，该函数在给定输入列表的情况下创建标签编码器标签，然后使用该函数定义标签编码器。

在步骤 6 中，我们定义了 create_dataset 函数，它将接收一个数据字典和标签编码器并创建数据矩阵和标签数组。它将每个新闻条目编码为一个向量，并使用标签编码器转换标签。每篇新闻都使用两种向量化器，并将它们的数据组合成一个向量。

在步骤 7 中，我们定义 transform 函数。此函数将输入文本转换为包含两个元素的向量。它首先将商业和体育向量化器应用于文本。这些结果提供了文本中商业和体育词汇的数量。然后我们将两者相加，每个总和成为最终向量中的元素之一。第一个元素是商业词汇的数量，第二个元素是体育词汇的数量。

在步骤 8 中，我们定义了函数分类，它接收一个向量并为其分配一个标签，要么体育要么商业。该函数将 transform 函数创建的向量作为输入，并将第一个元素与第二个元素进行比较。如果第一个元素大于第二个元素，或者输入文本中的商业词多于体育词，它会为其分配 business 标签。如果有更多的体育词，它会为其分配一个 sport 标签。如果两个计数相等，则分配 sport 标签。然后，函数返回使用标签编码器编码的输出标签。

在步骤 9 中，我们定义了 evaluate 函数。该函数接收输入矩阵和标签数组。然后它为输入矩阵中的每个向量创建 y_pred 数组或预测数组。它通过将分类函数应用于输入来做到这一点。然后它通过将 y 中的正确答案与 y_pred 中的预测答案进行比较来打印出分类报告。

在步骤 10 中，我们从输入创建数据字典，然后创建数据集和评估结果。接着我们对数据运行 classification_report 函数并获得 99% 的准确率。

● 还有更多…

我们可以自动化该过程，而不是为向量化器手动挑选词汇。我们将在本节中对所有五个主题使用自动关键词分类。以下是具体步骤：

1. 获取数据：

```
data_dict = get_data(bbc_dataset)
```

2. 我们将定义 divide_data 函数以将数据随机拆分为训练集和测试集：

```
def divide_data(data_dict):
    train_dict = {}
    test_dict = {}
    for topic in data_dict.keys():
        text_list = data_dict[topic]
        x_train, x_test = \
        train_test_split(text_list, test_size=0.2)
        train_dict[topic] = x_train
        test_dict[topic] = x_test
    return (train_dict, test_dict)
```

3. 使用以下函数来划分数据：

```
(train_dict, test_dict) = divide_data(data_dict)
```

4. 获取标签：

```
le = get_labels(list(data_dict.keys()))
```

5. create_vectorizers 函数将按主题创建向量化字典：

```
def create_vectorizers(data_dict):
    topic_list = list(data_dict.keys())
    vectorizer_dict = {}
    for topic in topic_list:
        text_array = data_dict[topic]
        text = " ".join(text_array)
        word_list = tokenize_nltk(text)
        word_list = [word for word in word_list if
                        word not in stopwords]
        freq_dist = FreqDist(word_list)
        top_200 = freq_dist.most_common(200)
        vocab = [wtuple[0] for wtuple in top_200 if
                    wtuple[0] not in stopwords and
                    wtuple[0] not in string.punctuation]
        vectorizer_dict[topic] = \
        CountVectorizer(vocabulary=vocab)
    return vectorizer_dict
```

6. transform_auto 函数将使用向量器为每个主题创建一个包含字数的向量：

```
def transform_auto(text, vect_dict, le):
    number_topics = len(list(vect_dict.keys()))
    sum_list = [0]*number_topics
```

```
    for topic in vect_dict.keys():
        vectorizer = vect_dict[topic]
        this_topic_matrix = \
        vectorizer.transform([text])
        this_topic_sum = \
        sum(this_topic_matrix.todense().tolist()[0])
        index = le.transform([topic])[0]
        sum_list[index] = this_topic_sum
    return np.array(sum_list)
```

7. create_dataset_auto 函数将使用向量化器和数据字典在两个 numpy 数组中创建数据集：

```
def create_dataset_auto(data_dict, le, vectorizer_dict):
    data_matrix = []
    classifications = []
    gold_labels = []
    for topic in data_dict.keys():
        for text in data_dict[topic]:
            gold_labels.append(le.transform([topic]))
            text_vector = \
            transform_auto(text, vectorizer_dict, le)
            data_matrix.append(text_vector)
    X = np.array(data_matrix)
    y = np.array(gold_labels)
    return (X, y)
```

8. classify_auto 函数将通过选择与最高字数相对应的标签来对输入向量进行分类：

```
def classify_auto(vector, le):
    result = np.where(vector == np.amax(vector))
    label = result[0][0]
    return [label]
```

9. evaluate_auto 函数将评估结果：

```
def evaluate_auto(X, y, le):
    y_pred = np.array(list(map(classify_auto, X,
                              repeat(le))))
    print(classification_report(y, y_pred,
        labels=le.transform(le.classes_),
        target_names=le.classes_))
```

10. 我们现在运行定义的函数并评估结果：

```
vectorizers = create_vectorizers(train_dict)
(X, y) = create_dataset_auto(test_dict, le,
                            vectorizers)
evaluate_auto(X, y, le)
```

统计如下：

	precision	recall	f1-score	support
business	0.91	0.93	0.92	102
entertainment	0.96	0.90	0.93	78
politics	0.91	0.96	0.94	84
sport	0.98	1.00	0.99	103
tech	0.95	0.90	0.92	81
accuracy			0.94	448
macro avg	0.94	0.94	0.94	448
weighted avg	0.94	0.94	0.94	448

即使我们不亲自挑选关键词，最终的准确率也是 94%。

两种基于关键词的分类方法的主要区别在于这最后一段代码，我们使用五个主题中的每个主题中最常用的词来创建稍后对数据进行编码的向量化器，而在第一段代码中，我们手动为向量化器挑选了词汇表。此外，我们在第一段代码中分类了所有五个主题，而不仅仅是商业和体育。

4.4　使用 K-means 聚类句子——无监督文本分类

在这个专题中，我们将使用与上一章相同的数据，并使用无监督 K-means 算法对数据进行排序。读完这个专题后，您能够创建自己的无监督聚类模型，将数据分为几个类。您可以稍后将其应用于任何文本数据，而无须先对其进行标记。

- **准备**

我们将使用之前专题中的包，以及 pandas 包。使用 pip 安装它：

```
pip install pandas
```

- **怎么做…**

在这个专题中，我们将对数据进行预处理、向量化，然后使用 K-means 算法对其进行聚类。由于无监督建模通常没有正确的答案，因此评估模型更难，但我们将能够查看一些统计数据，以及所有聚类中最常见的单词。

步骤如下：

1. 导入必要的函数和包：

```
import nltk
import re
import string
import pandas as pd
from sklearn.cluster import KMeans
from nltk.stem.snowball import SnowballStemmer
from sklearn.feature_extraction.text import
TfidfVectorizer
from nltk.probability import FreqDist
from Chapter01.tokenization import tokenize_nltk
from Chapter01.dividing_into_sentences import divide_
into_sentences_nltk
from Chapter04.preprocess_bbc_dataset import get_data
from Chapter04.keyword_classification import divide_data
from Chapter04.preprocess_bbc_dataset import get_
stopwords
```

2. 初始化全局变量：

```
bbc_dataset = "Chapter04/bbc-text.csv"
stopwords_file_path = "Chapter01/stopwords.csv"
stopwords = get_stopwords(stopwords_file_path)
stemmer = SnowballStemmer('english')
```

3. 获取数据，分为训练数据和测试数据：

```
data_dict = get_data(bbc_dataset)
(train_dict, test_dict) = divide_data(data_dict)
```

4. 为训练和测试数据创建文本列表：

```
all_training = []
all_test = []
for topic in train_dict.keys():
    all_training = all_training + train_dict[topic]
for topic in test_dict.keys():
    all_test = all_test + test_dict[topic]
```

5. 我们将在创建向量化器时使用 tokenize_and_stem 函数：

```
def tokenize_and_stem(sentence):
    tokens = nltk.word_tokenize(sentence)
    filtered_tokens = [t for t in tokens if t not in
                            stopwords and t not in
                            string.punctuation and
                            re.search('[a-zA-Z]', t)]
    stems = [stemmer.stem(t) for t in filtered_tokens]
    return stems
```

6. create_vectorizer 函数将根据提供的数据创建和拟合向量化器:

```
def create_vectorizer(data):
    vec = \
    TfidfVectorizer(max_df=0.90, max_features=200000,
                        min_df=0.05, stop_words=stopwords,
                        use_idf=True,
                        tokenizer=tokenize_and_stem,
                        ngram_range=(1,3))
    vec.fit(data)
    return vec
```

7. 我们现在创建向量化器并获取训练数据的向量矩阵:

```
vectorizer = create_vectorizer(all_training)
matrix = vectorizer.transform(all_training)
```

8. 现在我们可以为五个聚类创建 KMeans 分类器,然后将其拟合到使用前面代码中的向量化器生成的矩阵上:

```
km = KMeans(n_clusters=5, init='k-means++',
            random_state=0)
km.fit(matrix)
```

9. make_predictions 函数将返回一个未见过的聚类编号列表数据:

```
def make_predictions(test_data, vectorizer, km):
    predicted_data = {}
    for topic in test_data.keys():
        this_topic_list = test_data[topic]
        if (topic not in predicted_data.keys()):
            predicted_data[topic] = {}
        for text in this_topic_list:
            prediction = \
            km.predict(vectorizer.transform([text]))[0]
```

```
            if (prediction not in \
                predicted_data[topic].keys()):
                predicted_data[topic][prediction] = []
            predicted_data[topic][prediction].
append(text)
    return predicted_data
```

10. 我们将使用 print_report 函数来显示有关模型的统计信息：

```
def print_report(predicted_data):
    for topic in predicted_data.keys():
        print(topic)
        for prediction in \
        predicted_data[topic].keys():
            print("Cluster number: ", prediction,
                "number of items: ",
                len(predicted_data[topic][prediction]))
```

11. 现在我们对测试数据使用 make_predictions 函数并打印报告：

```
predicted_data = make_predictions(test_dict,
                                  vectorizer, km)
print_report(predicted_data)
```

每次运行训练时，结果都会有所不同，但它们可能如下所示：

```
tech
Cluster number:  2 number of items:  60
Cluster number:  4 number of items:  9
Cluster number:  3 number of items:  10
Cluster number:  1 number of items:  2
business
Cluster number:  3 number of items:  100
Cluster number:  0 number of items:  1
Cluster number:  2 number of items:  1
sport
Cluster number:  4 number of items:  98
Cluster number:  3 number of items:  5
entertainment
Cluster number:  1 number of items:  45
Cluster number:  3 number of items:  32
Cluster number:  4 number of items:  1
```

```
politics
Cluster number:  0 number of items:  59
Cluster number:  3 number of items:  24
Cluster number:  4 number of items:  1
```

12. print_most_common_words_by_cluster 函数将打印出每个聚类的前 200 个单词:

```
def print_most_common_words_by_cluster(all_training, km,
num_clusters):
    clusters = km.labels_.tolist()
    docs = {'text': all_training, 'cluster': clusters}
    frame = pd.DataFrame(docs, index = [clusters])
    for cluster in range(0, num_clusters):
        this_cluster_text = \
        frame[frame['cluster'] == cluster]
        all_text = \
        " ".join(this_cluster_text['text'].astype(str))
        top_200 = get_most_frequent_words(all_text)
        print(cluster)
        print(top_200)
    return frame
```

13. 使用 print_most_common_words_by_cluster，我们可以看到各个聚类分别是哪一个:

```
print_most_common_words_by_cluster(all_training, km)
```

结果会因运行而异，但可能如下所示:

```
0
['people', 'technology', 'music', 'mobile', 'users',
'new', 'use', 'net', 'digital', 'software', 'phone',
'make', 'service', 'year', 'used', 'broadband', 'uk',
'online', 'computer', 'get', 'services', 'security',
'information', 'phones', 'using', 'data', 'internet',
'microsoft', 'tv', 'system', 'million', 'first', 'world',
'video', 'work', 'content', 'search', 'access', 'number',
'networks', 'says', 'time', 'firm', 'web', 'apple',
'research', 'firms', 'industry', 'media', 'sites',
'devices', 'site', 'network', 'home', 'help', 'last',
'market', …]
1
['game', 'games', 'first', 'england', 'world', 'win',
'time', 'last', 'play', 'players', 'new', 'back',
'year', 'get', 'cup', 'good', 'm', 'wales', 'o', 'side',
```

```
'team', 'ireland', 'six', 'match', 'set', 'final',
'won', 'three', 'next', 'club', 'season', 'added',
'take', 'playing', 'rugby', 'coach', 'years', 'france',
'best', 'player', 'make', 'chelsea', 'injury', 'victory',
'think', 'played', 'great', 'minutes', 'start', 'told',
'nations', 'people', 'come', 'league', 'week', 'title',
'open', 'top', 'try', 'end', 'arsenal', 'scotland',
'international', 'chance', 'five', …]
```

2

```
['year', 'new', 'government', 'last', 'company',
'people', 'market', 'years', 'uk', 'world', 'sales',
'firm', 'growth', 'economy', 'first', 'bank', 'group',
'told', 'three', 'time', 'oil', 'deal', 'economic',
'china', 'shares', 'number', 'chief', 'business', 'make',
'show', 'law', 'added', 'expected', 'prices', 'country',
'music', 'companies', 'public', 'european', 'next',
'london', 'rise', 'financial', 'million', 'money',
'countries', 'bbc', 'executive', 'work', 'part', 'back',
'months', 'firms', 'says', 'week', 'news', 'set', 'take',
'foreign', 'top', 'figures', 'say', 'home', …]
```

3

```
['film', 'best', 'awards', 'year', 'award', 'films',
'director', 'won', 'actor', 'new', 'star', 'actress',
'british', 'first', 'years', 'last', 'tv', 'show',
'festival', 'comedy', 'people', 'uk', 'movie', 'oscar',
'bbc', 'role', 'hollywood', 'aviator', 'prize',
'music', 'song', 'three', 'including', 'stars', 'time',
'top', 'nominations', 'world', 'nominated', 'million',
'ceremony', 'office', 'oscars', 'win', 'drama', 'number',
'category', 'starring', 'box', 'academy', 'book',
'london', 'life', 'named', 'series', 'theatre', 'love',
'think', 'make', 'musical', 'took', 'baby', 'play', …]
```

4

```
['labour', 'blair', 'election', 'party', 'government',
'people', 'minister', 'howard', 'brown', 'prime', 'tory',
'new', 'told', 'plans', 'leader', 'public', 'tories',
'tax', 'say', 'chancellor', 'britain', 'tony', 'general',
'campaign', 'bbc', 'next', 'secretary', 'uk', 'says',
'michael', 'lib', 'lord', 'kennedy', 'country', 'get',
'home', 'time', 'make', 'liberal', 'last', 'political',
'issue', 'parties', 'mps', 'vote', 'year', 'ukip',
'first', 'conservative', 'voters', 'added', 'house',
'british', 'take', 'spokesman', 'think', 'saying',
'back', 'bill', 'believe', 'years', 'politics', …]
```

14. 我们现在保存我们的模型。导入 pickle 包：

```
import pickle
```

15. 我们现在创建向量化器并获取训练数据的向量矩阵：

```
pickle.dump(km, open("bbc_kmeans.pkl", "wb"))
```

16. 稍后您可以按如下方式加载模型：

```
km = pickle.load(open("bbc_kmeans.pkl", "rb"))
```

● 它是如何工作的…

在步骤 1 中，我们导入必要的包和函数。在步骤 2 中，我们初始化全局变量，包括停用词和我们将使用的 Snowball 词干化分析器对象。

在步骤 3 中，我们按主题将 BBC 数据作为字典，然后将其划分为训练和测试数据。在步骤 4 中，我们为所有训练和测试数据创建文本列表。在步骤 5 中，我们定义将使用的 tokenize_and_stem 函数。此函数将输入文本标记为单词，过滤掉标点符号和不包含字母的单词，并对其进行词干化处理。

在步骤 6 中，我们定义了 create_vectorizer 函数。使用此函数创建了一个考虑一元组、二元组和三元组的 TF-IDF 向量化器。在步骤 7 中，我们使用训练数据创建向量化器，然后转换训练文本以获得向量矩阵。

在步骤 8 中，我们创建并拟合 KMeans 分类器。我们将聚类的数量初始化为 5，因为这是我们数据中的主题数量。当您对未标记的数据进行自己的项目时，您将不得不猜测聚类的数量。在著作 *The Hundred Page Machine Learning Book* 中，Andriy Burkov 描述了一种算法，用于确定模型中最有可能出现的聚类数量。init 参数是分类器初始化其聚类的方式，而 random_state 参数确保模型生成的随机状态是确定性的。初始化分类器后，我们将分类器拟合到训练数据矩阵上。

在步骤 9 中，我们定义了 make_predictions 函数，它将返回输入数据的聚类编号列表。由于需要对输入数据进行向量化处理，因此该函数接收数据、向量化器和 KMeans 分类器。

在步骤 10 中，我们定义了 print_report 函数，它打印出模型的统计信息。它还接收包含主题信息的数据字典，然后打印出每个主题的每个聚类的条目数量。

在步骤 11 中，我们使用 make_predictions 函数在看不见的数据上使用模型，然后使用 print_report 函数打印出统计信息。正如我们所见，所有主题有多个聚类作为分配的结果，这意味着准确度不是 100%。结果最好的主题，或者一个集群中文本最多的主题是商业和体育，这也是例子数最多的主题。

上面所述的 print_report 函数获取测试数据并打印每个被分类到聚类编号的主题的文本数量。

在步骤 12 中，我们定义了 print_most_common_words_by_cluster 函数。这将获取每个聚类的文本并基于这些文本创建一个 FreqDist 对象，然后打印每个聚类中最常见的 200 个单词。

在步骤 13 中，我们使用 print_most_common_words_by_cluster 函数训练数据。根据这些结果，我们可以得出结论：cluster 0 是 tech，cluster 1 是 sport，cluster 2 是 business，cluster 3 是 entertainment，以及 cluster 4 是 politics。

在步骤 14 中，我们导入 pickle 包，这将使我们能够保存模型。在步骤 15 中，我们将模型保存到磁盘上的文件中。步骤 16 显示了如何稍后加载模型以供进一步使用。

4.5 使用 SVM 进行有监督的文本分类

在这个专题中，我们将构建一个使用 SVM 算法的机器学习分类器。在本节结束时，您将拥有一个工作分类器，将能够使用我们在前几节中使用的 classification_report 工具来测试新输入并进行评估。

- **准备**

我们将继续使用我们在之前的专题中已经安装的包。

- **怎么做…**

我们将从已经熟悉的步骤开始，将数据划分为训练集和测试集并创建向量化器。然后，我们将训练 SVM 分类器并对其进行评估。

步骤如下：

1. 导入必要的函数和包：

```
import numpy as np
import pandas as pd
import string
import pickle
from sklearn import svm
from sklearn import preprocessing
from sklearn.metrics import classification_report
from sklearn.model_selection import train_test_split
from sklearn.feature_extraction.text import
TfidfVectorizer
from Chapter01.tokenization import tokenize_nltk
from Chapter04.unsupervised_text_classification import
tokenize_and_stem
from Chapter04.preprocess_bbc_dataset import get_data
from Chapter04.keyword_classification import get_labels
from Chapter04.preprocess_bbc_dataset import get_
stopwords
```

2. 初始化全局变量：

```
bbc_dataset = "Chapter04/bbc-text.csv"
stopwords_file_path = "Chapter01/stopwords.csv"
stopwords = get_stopwords(stopwords_file_path)
```

3. 获取数据并创建一个 LabelEncoder 对象：

```
data_dict = get_data(bbc_dataset)
le = get_labels(list(data_dict.keys()))
```

4. create_dataset 函数将获取数据字典并使用数据创建一个 pandas DataFrame 对象：

```
def create_dataset(data_dict, le):
    text = []
    labels = []
    for topic in data_dict:
        label = le.transform([topic])
        text = text + data_dict[topic]
        this_topic_labels = \
        [label[0]]*len(data_dict[topic])
        labels = labels + this_topic_labels
    docs = {'text':text, 'label':labels}
    frame = pd.DataFrame(docs)
    return frame
```

5. split_dataset 函数将 DataFrame 拆分为训练集和测试集：

```
def split_dataset(df, train_column_name,
                  gold_column_name, test_percent):
    X_train, X_test, y_train, y_test = \
    train_test_split(df[train_column_name],
                  df[gold_column_name],
                  test_size=test_percent,
                  random_state=0)
    return (X_train, X_test, y_train, y_test)
```

6. create_and_fit_vectorizer 函数将根据提供的数据创建和拟合向量化器：

```
def create_and_fit_vectorizer(training_text):
    vec = \
    TfidfVectorizer(max_df=0.90, min_df=0.05,
                    stop_words=stopwords, use_idf=True,
                    tokenizer=tokenize_and_stem,
                    ngram_range=(1,3))
```

```
    return vec.fit(training_text)
```

7. 使用数据字典和之前定义的函数，我们将创建测试数据和训练数据：

```
df = create_dataset(data_dict, le)
(X_train, X_test, y_train, y_test) = \
split_dataset(df, 'text', 'label')
vectorizer = create_and_fit_vectorizer(X_train)
X_train = vectorizer.transform(X_train).todense()
X_test = vectorizer.transform(X_test).todense()
```

8. train_svm_classifier 函数获取数据并返回一个经过训练的 SVM 分类器：

```
def train_svm_classifier(X_train, y_train):
    clf = svm.SVC(C=1, kernel='linear',
                  decision_function_shape='ovo')
    clf = clf.fit(X_train, y_train)
    return clf
```

9. evaluate 函数打印出统计报表：

```
def evaluate(clf, X_test, y_test, le):
    y_pred = clf.predict(X_test)
    print(classification_report(y_test, y_pred,
        labels=le.transform(le.classes_),
        target_names=le.classes_))
```

10. 使用前面的函数，我们将训练分类器，保存它，然后评估它：

```
clf = train_svm_classifier(X_train, y_train)
pickle.dump(clf, open("Chapter04/bbc_svm.pkl", "wb"))
evaluate(clf, X_test, y_test, le)
```

结果如下：

	precision	recall	f1-score	support
business	0.93	0.93	0.93	105
entertainment	0.96	0.96	0.96	78
politics	0.93	0.94	0.94	72
sport	0.98	0.99	0.99	106
tech	0.96	0.94	0.95	84
accuracy			0.96	445
macro avg	0.95	0.95	0.95	445
weighted avg	0.96	0.96	0.96	445

11. test_new_example 函数将接收一个字符串、分类器、向量化器和标签编码器并提供预测：

```
def test_new_example(input_string, clf, vectorizer, le):
    vector = \
    vectorizer.transform([input_string]).todense()
    prediction = clf.predict(vector)
    print(prediction)
    label = le.inverse_transform(prediction)
    print(label)
```

12. 我们将在一篇新文章中测试上述函数：

```
new_example = """iPhone 12: Apple makes jump to 5G
Apple has confirmed its iPhone 12 handsets will be its
first to work on faster 5G networks.

The company has also extended the range to include a new
"Mini" model that has a smaller 5.4in screen.

The US firm bucked a wider industry downturn by
increasing its handset sales over the past year.

But some experts say the new features give Apple its best
opportunity for growth since 2014, when it revamped its
line-up with the iPhone 6.

"5G will bring a new level of performance for downloads
and uploads, higher quality video streaming, more
responsive gaming, real-time interactivity and so much
more," said chief executive Tim Cook.

..."""

test_new_example(new_example, clf, vectorizer, le)
```

结果如下：

```
[4]
['tech']
```

● 它是如何工作的…

在步骤 1 中，我们导入必要的函数和包。在步骤 2 中，我们初始化全局变量。在步骤 3 中，我们使用本章"准备好数据集和评估基准"专题中的 get_data 函数获取数据字典。然后，我们使用本章"使用关键词执行基于规则的文本分类"专题中的 get_labels 函数创建一个标签编码器对象。

在步骤 4 中，我们定义了 create_dataset 函数，该函数接收数据字典并创建一个 pandas

DataFrame 对象。此 DataFrame 中的 text 列包含数据集中的文本，label 列包含分配给项目的转换标签。

在步骤 5 中，我们定义了 split_dataset 函数，该函数将 DataFrame 拆分为测试集和训练集。它以 DataFrame、包含要训练的文本的列名称、包含标签的列名称以及用作测试数据的数据比例作为参数。然后，它使用 sklearn train_test_split 函数并返回四个 numpy 数组：两个包含数据的数组，一个用于测试，一个用于训练（X_test 和 X_train）；两个带标签的数组，一个用于测试，一个用于训练（y_test 和 y_train）。

在步骤 6 中，我们定义了 create_and_fit_vectorizer 函数，该函数创建了一个 TF-IDF 向量化器，用于对一元组、二元组和三元组进行编码。它返回拟合训练数据的向量化器。

在步骤 7 中，我们使用在步骤 4~6 中定义的函数。首先，我们使用 create_dataset 函数将数据集创建为 DataFrame。其次，我们使用 split_dataset 函数将数据集分为测试和训练，留下 20%的数据用于测试。再次，使用 create_and_fit_vectorizer 函数创建向量化器，只使用它的训练数据。最后，我们使用向量化器转换训练和测试数据。

在步骤 8 中，我们定义了 train_svm_classifier 函数。它训练一个正则化参数为 1 和线性核的 SVM 分类器。正则化参数用于减少机器学习模型中的过拟合，您可以为它尝试不同的值。SVM 算法使用不同的内核，它们是将数据分成不同类别的不同方法。线性核是最简单的核。

在步骤 9 中，我们定义了 evaluate 函数。它将数据集中提供的标签与分类器预测进行比较，并打印出分类报告，其中包含模型的准确率、精确率和召回率信息。

在步骤 10 中，我们使用训练 SVM 分类器，使用 pickle 包将其保存到文件中，然后对其进行评估。我们达到了 96%的准确率。

在步骤 11 中，我们定义了 test_new_example 函数，它将接收一个文本并使用我们的模型对其进行分类。它接收输入字符串、分类器、向量化器和标签编码器。它使用向量化器转换输入文本，从模型中获取预测，然后将预测解码为文本标签。

在步骤 12 中，我们使用 test_new_example 函数对科技文章进行预测。我们看到预测确实是 tech。

• 还有更多…

有许多不同的机器学习算法可以用来代替支持向量机算法。其他一些是回归、朴素贝叶斯和决策树。您可以对它们进行试验，看看哪些表现更好。

4.6 使用 LSTM 进行有监督的文本分类

在这个专题中，我们将为 BBC 新闻数据集构建一个深度学习 LSTM 分类器。没有足够的数据来构建一个好的分类器，但我们将使用相同的数据集进行比较。在本节结束时，您将拥有一个完整的 LSTM 分类器，该分类器经过训练并且可以在新输入上进行测试。

● 准备

为了构建专题，我们需要安装 tensorflow 和 keras：

```
pip install tensorflow
pip install keras
```

在这个专题中，我们将使用相同的 BBC 数据集来创建 LSTM 分类模型。

● 怎么做…

训练的一般结构类似于普通的机器学习模型训练，我们清理数据，创建数据集，并将其拆分为训练数据集和测试数据集。然后，我们训练一个模型并在没见过的数据上测试它。深度学习的训练细节与统计机器学习（例如 SVM）不同。这个专题的步骤如下：

1. 导入必要的函数和包：

```
import pandas as pd
import numpy as np
from keras.preprocessing.text import Tokenizer
from keras.preprocessing.sequence import pad_sequences
from sklearn.model_selection import train_test_split
from sklearn.metrics import classification_report
import tensorflow as tf
from keras import Sequential
from tensorflow.keras.layers import Embedding
from tensorflow.keras.layers import SpatialDropout1D
from tensorflow.keras.layers import LSTM
from tensorflow.keras.layers import Dense
from tensorflow.keras.callbacks import EarlyStopping
from keras.models import load_model
import matplotlib.pyplot as plt
from Chapter04.preprocess_bbc_dataset import get_data
from Chapter04.keyword_classification import get_labels
from Chapter04.preprocess_bbc_dataset import get_
stopwords
from Chapter04.svm_classification import create_dataset,
new_example
```

2. 初始化全局变量：

```
MAX_NUM_WORDS = 50000
```

```
MAX_SEQUENCE_LENGTH = 1000
EMBEDDING_DIM = 300
bbc_dataset = "Chapter04/bbc-text.csv"
```

3. create_tokenizer 函数为 LSTM 模型创建一个分词器：

```
def create_tokenizer(input_data, save_path):
    tokenizer = \
    Tokenizer(num_words=MAX_NUM_WORDS,
              filters='!"#$%&()*+,-./:;<=>?@[\]^_`{|}~',
              lower=True)
    tokenizer.fit_on_texts(input_data)
    save_tokenizer(tokenizer, save_path)
    return tokenizer
```

4. save_tokenizer 和 load_tokenizer 函数保存和加载分词器：

```
def save_tokenizer(tokenizer, filename):
    with open(filename, 'wb') as f:
        pickle.dump(tokenizer, f,
                    protocol=pickle.HIGHEST_PROTOCOL)


def load_tokenizer(filename):
    with open('tokenizer.pickle', 'rb') as f:
        tokenizer = pickle.load(f)
    return tokenizer
```

5. plot_model 函数从经过训练的模型中获取一个历史对象，并绘制模型对测试和训练数据的损失，这有助于评估训练过程：

```
def plot_model(history):
    plt.title('Loss')
    plt.plot(history.history['loss'], label='train')
    plt.plot(history.history['val_loss'],
             label='test')
    plt.legend()
    plt.show()
```

6. evaluate_model 函数打印出已经很熟悉的分类报告：

```
def evaluate(model, X_test, Y_test, le):
    Y_pred = model.predict(X_test)
    Y_pred = Y_pred.argmax(axis=-1)
    Y_test = Y_test.argmax(axis=-1)
```

```
Y_new_pred = [le.inverse_transform([value]) for
                value in Y_pred]
Y_new_test = [le.inverse_transform([value]) for
                value in Y_test]
print(classification_report(Y_new_test,
                                Y_new_pred))
```

7. train_model 函数接收输入的 DataFrame 和一个 LabelEncoder 对象作为输入，训练一个 LSTM 模型，保存它，评估它，并绘制它的损失：

```
def train_model(df, le):
    tokenizer = \
    create_tokenizer(df['text'].values,
                    'Chapter04/bbc_tokenizer.pickle')
    X = transform_text(tokenizer, df['text'].values)
    Y = pd.get_dummies(df['label']).values
    X_train, X_test, Y_train, Y_test = \
    train_test_split(X,Y, test_size = 0.20,
                    random_state = 42)
    model = Sequential()
    optimizer = tf.keras.optimizers.Adam(0.0001)
    model.add(Embedding(MAX_NB_WORDS, EMBEDDING_DIM,
                    input_length=X.shape[1]))
    model.add(SpatialDropout1D(0.2))
    model.add(LSTM(100, dropout=0.2,
                    recurrent_dropout=0.2))
    model.add(Dense(5, activation='softmax'))
    #Standard for multiclass classification
    loss='categorical_crossentropy'
    model.compile(loss=loss, optimizer=optimizer,
                    metrics=['accuracy'])
    epochs = 7
    batch_size = 64
    es = EarlyStopping(monitor='val_loss', patience=3,
                    min_delta=0.0001)
    history = model.fit(X_train, Y_train,
                    epochs=epochs,
                    batch_size=batch_size,
```

```
                          validation_split=0.2,
                          callbacks=[es])
        accr = model.evaluate(X_test,Y_test)
        print('Test set\n  Loss: {:0.3f}\n  Accuracy: \
              {:0.3f}'.format(accr[0],accr[1]))
        model.save('Chapter04/bbc_model_scratch1.h5')
        evaluate(model, X_test, Y_test, le)
        plot_model(history)
```

8. 让我们加载数据，创建一个标签编码器，然后创建数据集：

```
data_dict = get_data(bbc_dataset)
le = get_labels(list(data_dict.keys()))
df = create_dataset(data_dict, le)
```

9. 现在我们可以使用之前定义的 train_model 函数训练模型：

```
train_model(df, le)
```

输出会有所不同，但这里是一个示例：

```
Epoch 1/7
23/23 [==============================] - 279s 12s/step -
loss: 1.5695 - accuracy: 0.3083 - val_loss: 1.4268 - val_
accuracy: 0.3596

...

Epoch 7/7
23/23 [==============================] - 259s 11s/step -
loss: 0.0402 - accuracy: 0.9944 - val_loss: 0.5588 - val_
accuracy: 0.8258
14/14 [==============================] - 10s 732ms/step -
loss: 0.4948 - accuracy: 0.8427
Test set
  Loss: 0.495
  Accuracy: 0.843
```

	precision	recall	f1-score	support
business	0.87	0.94	0.90	104
entertainment	0.82	0.73	0.77	75
politics	0.81	0.73	0.77	82
sport	0.97	0.85	0.90	99
tech	0.75	0.92	0.83	85

accuracy			0.84	445
macro avg	0.84	0.83	0.84	445
weighted avg	0.85	0.84	0.84	445

损失函数的图可能如下所示：

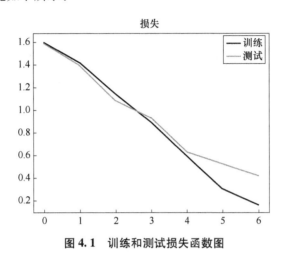

图 4.1　训练和测试损失函数图

10. 我们将有一个函数来加载和测试现有模型：

```
def load_and_evaluate_existing_model(model_path,
tokenizer_path, df, le):
    model = load_model(model_path)
    tokenizer = load_tokenizer(tokenizer_path)
    X = transform_text(tokenizer, df['text'].values)
    Y = pd.get_dummies(df['label']).values
    evaluate(model, X, Y, le)
```

11. test_new_example 函数将接收一个字符串、分类器、向量化器和标签编码器并提供预测：

```
def test_new_example(model, tokenizer, le, text_input):
    X_example = transform_text(tokenizer, new_example)
    label_array = model.predict(X_example)
    new_label = np.argmax(label_array, axis=-1)
    print(new_label)
    print(le.inverse_transform(new_label))
```

12. 我们将在同一科技文章中测试前面的函数，就像我们在"使用 SVM 进行有监督的文本分类"专题中所做的那样：

```
test_new_example(model, tokenizer, le, new_example)
```

结果如下：

```
[4]
```

```
['tech']
```

● 它是如何工作的…

在步骤 1 中，我们导入本专题中需要的包和函数。

在步骤 2 中，我们初始化全局变量。MAX_NUM_WORDS 变量将具有分词器处理的最大单词数。MAX_SEQUENCE_LENGTH 变量也被分词器使用，它是输入模型的每个输入字符串的长度。深度学习模型要求每个输入字符串的长度相同，并且该长度在 MAX_SEQUENCE_LENGTH 变量中设置。EMBEDDING_DIM 变量设置要在嵌入向量中使用的值的数量。嵌入向量类似于 word2vec 向量，它对每个输入文本序列进行编码。

在步骤 3 中，我们定义了 create_tokenizer 函数，该函数创建了 LSTM 所需的分词器。分词器为模型使用一组单词数，该单词数在 MAX_NUM_WORDS 变量中设置。它过滤所有标点符号，这些标点符号在 filters 参数中设置。它还小写所有单词。该函数在输入数据上拟合分词器，然后将其保存到提供的路径。

在步骤 4 中，我们定义了加载预训练模型时要使用的 save_tokenizer 和 load_tokenizer 函数。

> **重要提示**
>
> 绘制深度学习模型的损失是评估模型性能的有用工具。请参阅此博客文章以了解有关不同可能性的更多信息：https://machinelearningmastery.com/learning-curves-for-diag-nosing-machine-learning-model-performance/。

在步骤 5 中，我们定义了 plot_model 函数。它需要模型历史对象并绘制训练和验证损失，这是评估模型性能的有用工具。

在步骤 6 中，我们定义了 evaluate_model 函数，我们对它应该很熟悉，因为它打印出我们在以前的专题中使用的分类报告。

在步骤 7 中，我们定义了 train_model 函数。它创建一个新模型，然后对其进行训练。首先，它使用 create_tokenizer 函数来获取分词器。其次，它使用 transform_text 函数将数据转换为向量形式。再次，pad_sequences 函数将空值添加到每个不是最大数值的向量，以便所有向量的长度相等。从次，我们使用 pandas 包的 get_dummies 函数对标签进行 one-hot 编码。最后，我们将数据集拆分为训练和测试部分。另外，我们创建一个 Sequential 模型并向其添加层。我们使用学习率为 0.0001 的 Adam 优化器。模型的第一层是嵌入层，与第 3 章"表示文本——捕获语义"中"使用词嵌入"专题使用的嵌入类型相同。我们添加了空间dropout 和 LSTM 层，然后是 dense 层。然后，我们将损失函数设置为分类交叉熵，即多类分类问题的标准。我们使用七个时期，或训练轮次，并将批量大小设置为 64。我们使用提前停止来防止过拟合。然后，我们训练模型，保存它，评估它，并绘制它的损失。

在步骤 8 中，我们加载数据，创建标签编码器，并使用输入文本创建 DataFrame。在步骤 9 中，我们使用 train_model 函数和输入数据训练模型。该数据集的准确率 84% 不如其他方法。这很可能是因为深度学习网络的数据量很小。损失图证实了这一点，其中验证损失开始向上偏离训练损失，这在数据不足的情况下经常发生。

在步骤 10 中，我们定义了 load_and_evaluate_existing_model 函数。使用这个函数，我们可以在新数据上加载和测试现有模型。在函数中，我们加载模型和分词器，转换输入，并使用分类报告对其进行评估。

在步骤 11 中，我们定义了 test_new_example 函数。我们同时加载模型和分词器，将分词器应用于文本，并在转换后的输入上使用模型。输出将是每个类的概率数组，因此我们必须使用 NumPy 包的 argmax 函数。这将根据模型得到最可能的分类。使用标签编码器后，我们得到与之前相同的 tech 标签。

第 5 章
信息提取入门

在本章中，我们将介绍信息提取的基础知识。我们将从招聘公告中提取电子邮件和 URL。然后将使用一种称为 **Levenshtein 距离**的算法来查找相似的字符串。接下来，我们将使用 spaCy 来查找文本中的命名实体，稍后将在 spaCy 中训练我们自己的**命名实体识别（NER）**模型。然后我们将做基本的情感分析，最后，将训练两个自定义情绪分析模型。

您将学习如何使用现有工具并训练您自己的模型来完成信息提取任务。

我们将在本章中介绍以下专题：
- 使用正则表达式
- 寻找相似的字符串：Levenshtein 距离
- 使用 spaCy 执行命名体识别
- 使用 spaCy 训练您自己的 NER 模型
- 发现情感分析
- 使用 LSTM 的短文本情感分析：Twitter
- 使用 BERT 进行情感分析

5.1 技术要求

本章的代码位于本书 GitHub 存储库（https://github.com/PacktPublishing/Python-Natural-Language-Processing-Cookbook）中名为 Chapter05 的文件夹中。在本章中，您将需要使用这些命令安装一些额外的包：

```
pip install pandas
pip install python-Levenshtein
pip install spacy
pip install nltk
pip install textblob
pip install tqdm
pip install transformers
```

我们还需要一个额外的包来分割 Twitter 标签，它可以在 https://github.com/jchook/wordseg 下载。下载后，使用以下命令安装它：

```
python setup.py install
```

5.2　使用正则表达式

在这个专题中，我们将使用正则表达式来查找文本中的电子邮件地址和 URL。正则表达式是定义搜索模式的特殊字符序列。我们会使用职位描述数据集并编写两个正则表达式，一个用于电子邮件，一个用于 URL。

● 准备

我们将需要 pandas 包来处理数据。如果您还没有安装它，像这样安装它：

```
pip install pandas
```

从以下位置下载职位描述数据集 https://www.kaggle.com/andrewmvd/data-scientist-jobs。

这是一个非常方便的调试正则表达式的工具：https://regex101.com/。您可以输入正则表达式和测试字符串。它将显示由正则表达式产生的匹配结果，以及正则表达式引擎在此过程中采取的步骤。

● 怎么做…

我们会将 CSV 文件中的数据读取到 pandas DataFrame 中，并使用 Python re 包创建正则表达式并搜索文本。这个专题的步骤如下：

1. 导入 re 和 pandas 包并定义 data_file 变量：

```
import re
import pandas as pddata_file = "Chapter05/DataScientist.
csv"
```

2. get_items 函数将搜索 DataFrame 中的特定列并找到与传入的正则表达式匹配的所有内容：

```
def get_items(df, regex, column_name):
    df[column_name] = df['Job Description'].apply(
                        lambda x: re.findall(regex, x))
    return df
```

3. get_list_of_items 辅助函数以一个 DataFrame 作为输入并将其中某列转换为列表：

```
def get_list_of_items(df, column_name):
    items = []
    for index, row in df.iterrows():
        if (len(row[column_name]) > 0):
```

```
                    for item in list(row[column_name]):
                        if (type(item) is tuple and \
                        len(item) > 1):
                            item = item[0]
                        if (item not in items):
            items.append(item)
        return items
```

4. get_emails 函数查找 DataFrame 中的所有电子邮件并返回它们作为列表：

```
def get_emails(df):
    email_regex='[^\s:|()\']+@[a-zA-Z0-9\.]+\.[a-zA-Z]+'
    df['emails'] = df['Job Description'].apply(
                    lambda x: re.findall(email_regex, x))
    emails = get_list_of_items(df, 'emails')
    return emails
```

5. get_urls 辅助函数将一个 DataFrame 作为输入并将其中某列转换为列表：

```
def get_urls(df):
    url_regex = '(http[s]?://(www\.)?[A-Za-z0-9-_\.\-]+\.
[A-Za-z]+/?[A-Za-z0-9$\-_\-\/\.\?]*)[\.)\"]*'
    df = get_items(df, url_regex, 'urls')
    urls = get_list_of_items(df, 'urls')
    return urls
```

6. 现在我们使用 pandas read_csv 方法将 CSV 文件读入 DataFrame：

```
df = pd.read_csv(data_file, encoding='utf-8')
```

7. 我们将收到电子邮件：

```
emails = get_emails(df)
print(emails)
```

部分结果将如下所示：

```
['security@quartethealth.com', 'talent@quartethealth.
com', 'accommodations-ext@fb.com', 'talent@ebay.com',
'recruiting-inquiries@deshaw.com', 'cvwithdraw@deshaw.
com', 'backgroundcheck-inquiries@deshaw.com', 'Candidate.
Accommodations@Disney.com', 'careers@springhealth.com',
'TalentAcquisition@grubhub.com', 'privacy@grubhub.com',
'jobs@temboo.com', 'careers@Healthfirst.org', 'mailbox_
tas_recruit@humana.com', …]
```

8. 我们将以类似的方式获取 URL：

```
urls = get_urls(df)
```

```
print(urls)
```

部分结果将如下所示：

```
['https://www.decode-m.com/', 'https://www.amazon.jobs/
en/disability/us.', 'https://www.techatbloomberg.com/
nlp/', 'https://bloomberg.com/company/d4gx/', 'https://
www.dol.gov/ofccp/regs/compliance/posters/ofccpost.
htm', 'http://www.tapestry.com/', 'https://www.arena.
io/about/careers.html', 'http://www.fujitsu.com/global/
about/corporate/info/', 'http://www.fujitsu.com/global/
digitalannealer/', 'http://www.fujitsu.com/global/
solutions/business-technology/ai/', …]
```

● 它是如何工作的…

现在让我们看看上一节中的步骤是如何工作的。

在步骤 1 中，我们导入需要的两个包 re 和 pandas，并定义数据集路径。

在步骤 2 中，我们定义了 get_items 函数，它接收一个 DataFrame、一个正则表达式和一个列名，并创建一个包含搜索结果的新列。该函数将正则表达式应用于 Job Description 列中的每个条目并将结果存储在新列中。

在步骤 3 中，我们定义了 get_list_of_items 函数，它接收一个 DataFrame 和返回指定列中找到的项目列表。此功能还删除重复项并且只留下必要的匹配部分（在这种情况下首先出现）。在 URL 的情况下，我们使用组进行匹配，并且 re 包返回一个结果元组，其中包括所有匹配的组。我们只使用实际 URL 匹配的第一组。

在步骤 4 中，我们定义了 get_emails 函数来获取出现在 Job Description 列中的所有电子邮件。正则表达式由三个部分组成，它们出现在方括号中，后跟量词：

● [^\s:|()\']+是正则表达式的用户名部分，后跟@ 符号。它由一组字符组成，显示在方括号中。任何该组中的字符可能会在用户名中出现一次或多次。这是使用+量词显示。用户名中的字符可以是空格（\ s）、冒号、| 或撇号以外的任何字符。^字符表示字符类的否定。撇号是正则表达式中的特殊字符，必须用反斜杠转义才能调用字符的常规含义。

● [a-zA-Z0-9\.] +是域名的第一部分，后跟一个点。这个部分只是字母数字字符，小写或大写，以及出现一次或多次的点。由于点是一个特殊字符，我们用反斜杠转义它。a-z 表达式表示从 a 到 z 的字符范围。

● [a-zA-Z] +是域名的最后一部分，是顶级域名，例如 .com、.org 等。通常，这些顶级域名中不允许有数字，并且正则表达式匹配出现一次或多次的小写或大写字符。

这个正则表达式足以解析数据集中的所有电子邮件，并且不会出现任何误报。您可能会发现在您的数据中，需要对正则表达式进行额外的调整。

在步骤 5 中，我们定义了 get_urls 函数，该函数返回指定 DataFrame 中的所有 URL。URL 比电子邮件复杂得多，以下是正则表达式的细分：

- http[s]?://：这是 URL 的 http 部分。这个数据集中的所有 URL 都有这个部分；在您的数据中可能并非如此，您将不得不相应地调整正则表达式。这部分表达式将匹配 http 和 https，因为 s 被列为出现零次或一次，由？表示量词。

- （www\.)?：接下来，我们有一组字符，它们被视为一个单元，但是它们都必须按照列出的顺序出现。在这种情况下，这是 URL 的 www 部分，后跟一个点，用反斜杠转义。这组字符可能出现零次或一次，由末尾的字符？表示。

- [A-Za-z0-9-_\.\-]+：这部分是网站的域名，后跟顶级域名。网站名称还包括出现在顶级域和子域之前的破折号和点字符。

- /?[A-Za-z0-9$\-_\-\/\.\?]*)：最后一部分是斜线后面的域名之后的任何内容。它可以是列出文件、参数等的各种字符。它们可能出现也可能不出现，这就是为什么它们后面跟着 * 量词。末尾的括号表示匹配组的结束。

- [\.)\"]*：此数据集中的许多 URL 后跟点、括号和其他字符，这是正则表达式的最后一部分。

在步骤 6 中，我们将数据集读入 Pandas DataFrame。在步骤 7 中，我们使用 get_emails 函数将所有电子邮件解析到职位描述字段。在步骤 8 中，我们使用 get_urls 函数获得了 URL。

● 还有更多…

编写正则表达式很快就会变成一件麻烦事。我们使用正则表达式测试网站来输入我们期望匹配的文本和正则表达式。这种网站的一个例子是 https://regex101.com/。

5.3 寻找相似的字符串：Levenshtein 距离

在进行信息提取时，很多情况下我们会处理拼写错误，这可能会导致任务复杂化。为了解决这个问题，有几种方法可用，包括 Levenshtein 距离。这个算法找到了将一个字符串更改为另一个字符串所需的编辑/添加/删除。在这个专题中，您将能够使用此技术查找拼写错误的电子邮件的匹配项。

● 准备

我们将使用在上一个专题中使用的相同包和数据集，以及 python-Levenshtein 包，可以使用以下命令安装它：

```
pip install python-Levenshtein
```

● 怎么做…

我们会将数据集读入 pandas DataFrame 并使用从中提取的电子邮件来搜索拼写错误的电

子邮件。

您的步骤应采用如下格式：

1. 引用必要的库：

```
import pandas as pd
import Levenshtein
from Chapter05.regex import get_emails
```

2. 初始化 data_file 变量：

```
data_file = "Chapter05/DataScientist.csv"
```

3. find_levenshtein 函数接收一个 DataFrame 和一个输入字符串并计算它与 email 列中每个字符串之间的 Levenshtein 距离：

```
def find_levenshtein(input_string, df):
    df['distance_to_' + input_string] = \
    df['emails'].apply(lambda x:Levenshtein.distance(
                                   input_string, x))
    return df
```

4. get_closest_email_lev 函数使用我们在上一步中定义的函数来查找最接近一个输入的电子邮件地址：

```
def get_closest_email_lev(df, email):
    df = find_levenshtein(email, df)
    column_name = 'distance_to_' + email
    minimum_value_email_index = df[column_name].idxmin()
    email = \
    df.loc[minimum_value_email_index]['emails']
    return email
```

5. 现在我们可以读入在上一个专题中使用的职位描述 DataFrame 并仅从电子邮件创建一个新的 DataFrame：

```
df = pd.read_csv(data_file, encoding='utf-8')
emails = get_emails(df)
new_df = pd.DataFrame(emails,columns=['emails'])
```

6. 接下来，我们使用拼写错误的电子邮件 rohitt. macdonald@ prelim. com 在新的电子邮件 DataFrame 中查找匹配项：

```
input_string = "rohitt.macdonald@prelim.com"
email = get_closest_email_lev(new_df, input_string)
print(email)
```

输出如下：

```
rohit.mcdonald@prolim.com
```

● 它是如何工作的…

在步骤 1 中，我们导入了 pandas 和 Levenshtein 包，以及上一个专题中的 get_emails 函数。

在步骤 2 中，我们定义了数据集文件的路径。

在步骤 3 中，我们定义了 find_levenshtein 函数，该函数接收输入字符串和带有电子邮件的 DataFrame，并创建一个新列，其中的值是 DataFrame 中输入和电子邮件之间的 Levenshtein 距离。列名是 distance_to_［input_string］。

在步骤 4 中，我们定义了 get_closest_email_lev 函数，它接收一个带有电子邮件的 DataFrame 和一个待匹配的电子邮件，该电子邮件返回 DataFrame 中最接近输入的电子邮件。为此，我们使用 find_levenshtein 函数创建一个新列，其中包含与输入电子邮件的距离，然后使用 pandas 中的 idxmin() 函数来查找最小值的索引。我们使用最小索引来查找最接近的电子邮件。

在步骤 5 中，我们读取数据集并获取电子邮件，然后仅使用电子邮件创建一个新的 DataFrame。

在步骤 6 中，我们定义了一个拼写错误的电子邮件并使用 get_closest_email_lev 函数找到与之匹配的电子邮件，即 rohit. mcdonald@ prolim. com 电子邮件的正确拼写。

● 还有更多…

我们可以使用另一个函数 Jaro 相似度，它将两个字符串之间的相似度输出为 0 到 1 之间的数字，其中 1 表示两个字符串相同。过程类似，但我们需要的是具有最大值的索引而不是最小值，因为 Jaro 相似度函数为更相似的字符串返回更高的值。步骤如下：

1. find_jaro 函数接收一个 DataFrame 和一个输入字符串并计算它与 email 列中的每个字符串之间的 Jaro 相似度：

```
def find_jaro(input_string, df):
    df['distance_to_' + input_string] = \
    df['emails'].apply(lambda x: Levenshtein.jaro(
                                    input_string, x))
    return df
```

2. get_closest_email_jaro 函数使用我们在上一步中定义的函数来查找最接近一个输入的电子邮件地址：

```
def get_closest_email_jaro(df, email):
    df = find_jaro(email, df)
    column_name = 'distance_to_' + email
```

```
    maximum_value_email_index = df[column_name].idxmax()
    email = \
    df.loc[maximum_value_email_index]['emails']
    return email
```

3. 现在我们可以读入在上一个专题中使用的职位描述 DataFrame 并仅从电子邮件创建一个新的 DataFrame：

```
df = pd.read_csv(data_file, encoding='utf-8')
emails = get_emails(df)
new_df = pd.DataFrame(emails,columns=['emails'])
```

4. 接下来，我们使用拼写错误的电子邮件 rohitt.macdonald@prelim.com 来在新电子邮件 DataFrame 中查找匹配项：

```
input_string = "rohitt.macdonald@prelim.com"
email = get_closest_email_jaro(new_df, input_string)
print(email)
```

输出如下：

```
rohit.mcdonald@prolim.com
```

Jaro 相似度函数的一个扩展是 Jaro-Winkler 函数，它在词尾附加权重，该权重降低了最后拼写错误的重要性，例如：

```
print(Levenshtein.jaro_winkler("rohit.mcdonald@prolim.com",
        "rohit.mcdonald@prolim.org"))
```

结果输出如下：

```
1.0
```

- **请参阅**

还有另一个具有字符串相似度函数的 Python 包 jellyfish。它具有其他功能，例如将拼写转换为音标字符串，从而允许基于发音方式的字符串匹配，以及模糊字符串匹配，包括 Levenshtein 等。

5.4 使用 spaCy 执行命名体识别

在这个专题中，我们将从第 4 章 "文本分类" 使用的文章文本中解析出命名实体。我们将加载包和解析引擎，并循环遍历 NER 结果。

- **准备**

在这个专题中，我们将使用 spaCy 包。如果您还没有安装它，请使用以下命令安装它：

```
pip install spacy
```

安装 spaCy 后，您需要下载语言模型。我们将下载小模型：

```
python -m spacy download en_core_web_sm
```

● 怎么做…

NER 会随着 spaCy 对输入文本的处理而自动发生。访问实体是通过 doc. ents 变量进行的。这个专题的步骤如下所述：

1. 导入 spacy 包：

```
import spacy
```

2. 初始化 spacy 引擎：

```
nlp = spacy.load("en_core_web_sm")
```

3. 初始化文章文本：

```
article = """iPhone 12: Apple makes jump to 5G

Apple has confirmed its iPhone 12 handsets will be its
first to work on faster 5G networks.

The company has also extended the range to include a new
"Mini" model that has a smaller 5.4in screen.

The US firm bucked a wider industry downturn by
increasing its handset sales over the past year.

But some experts say the new features give Apple its best
opportunity for growth since 2014, when it revamped its
line-up with the iPhone 6.

…

"Networks are going to have to offer eye-wateringly
attractive deals, and the way they're going to do that is
on great tariffs and attractive trade-in deals,"

predicted Ben Wood from the consultancy CCS Insight.
Apple typically unveils its new iPhones in September, but
opted for a later date this year.

It has not said why, but it was widely speculated to be
related to disruption caused by the coronavirus pandemic.
The firm's shares ended the day 2.7% lower.

This has been linked to reports that several Chinese
internet platforms opted not to carry the livestream,

although it was still widely viewed and commented on via
the social media network Sina Weibo."""
```

4. 创建 spaCy Doc 对象：

```
doc = nlp(article)
```

5. 遍历实体并打印它们的信息：

```
for ent in doc.ents:
    print(ent.text, ent.start_char, ent.end_char,
          ent.label_)
```

结果如下：

```
12 7 9 CARDINAL
Apple 11 16 ORG
5 31 32 CARDINAL
Apple 34 39 ORG
iPhone 58 64 ORG
first 89 94 ORDINAL
5 113 114 CARDINAL
Mini 185 189 WORK_OF_ART
5.4 216 219 CARDINAL
…
the day 2586 2593 DATE
2.7% 2594 2598 PERCENT
Chinese 2652 2659 NORP
Sina Weibo 2797 2807 PERSON
```

● 它是如何工作的…

在步骤 1 中，我们导入 spaCy 包。在步骤 2 中，我们加载小的英文模型，并在步骤 3 中，我们初始化文章文本。在步骤 4 中，我们使用 spaCy 引擎处理文章，并创建一个 Doc 对象。

在步骤 5 中，我们遍历包含在文本中的命名实体并打印出它们的信息：实体文本，开始字符的索引，结束字符的索引，以及命名实体的标签。标签的含义可以在附录 D：spaCy 命名实体标签中找到，或者在 https://spacy.io/api/annotation#named-entities 的 spaCy 文档中找到。

● 还有更多…

您可以尝试不同的 spaCy 模型。我们下载了小的 spaCy 语言模型，中大型模型的准确率可能更高。例如，您可以下载中型模型：

```
python -m spacy download en_core_web_md
```

稍后将其加载到您的程序中：

```
nlp = spacy.load("en_core_web_md")
```

运行相同的代码但使用不同的模型后，您会注意到输出会略有不同，并且可能会更好。

5.5　用 spaCy 训练您自己的 NER 模型

spaCy 提供的 NER 模型在很多情况下就足够了。然而，在其他时候，我们可能想扩充现有模型或从头开始创建一个新模型。spaCy 有一个专门用于此的工具集，在这个专题中，我们将两者都做。

- **准备**

我们将使用 spaCy 包来训练一个新的 NER 模型。除了 spaCy，您不需要任何其他软件包。

- **怎么做…**

我们将定义训练数据，然后使用它来更新现有模型。接下来我们将测试模型并将其保存到磁盘。本专题中的代码基于 spaCy 文档（https://spacy. io/usage/training#ner）。此专题的步骤如下：

1. 导入必要的包：

```
import spacy
from spacy.util import minibatch, compounding
from spacy.language import Language
import warnings
import random
from pathlib import Path
```

2. 现在我们定义使用的训练数据：

```
DATA = [
    ("A fakir from far-away India travels to Asterix's\
    village and asks Cacofonix to save his land from\
    drought since his singing can cause rain.",
        {'entities':[(39, 46, "PERSON"),
                     (66, 75, "PERSON")]}),
    ("Cacofonix, accompanied by Asterix and Obelix,\
    must travel to India aboard a magic carpet to\
    save the life of the princess Orinjade, who is to\
    be sacrificed to stop the drought.",
        {'entities':[(0, 9, "PERSON"),
                     (26, 33, "PERSON"),
```

```
                                        (38, 44, "PERSON"),
                                        (61, 66, "LOC"),
                                        (122, 130, "PERSON")]})
]
```

3. N_ITER 变量包含训练迭代次数和 OUTPUT_DIR 变量列出应保存模型的目录：

```
N_ITER=100
OUTPUT_DIR = "Chapter05/model_output"
```

4. save_model 函数将模型保存到指定目录：

```
def save_model(nlp, output_dir):
    output_dir = Path(output_dir)
    if not output_dir.exists():
        output_dir.mkdir()
    nlp.to_disk(output_dir)
```

5. load_model 函数从指定目录加载模型：

```
def load_model(input_dir):
    nlp = spacy.load(input_dir)
    return nlp
```

6. create_model 函数要么创建一个新的空白模型，要么加载 model 参数指定的模型：

```
def create_model(model):
    if (model is not None):
        nlp = spacy.load(model)
    else:
        nlp = spacy.blank("en")
    return nlp
```

7. add_ner_to_model 函数将 NER 模型添加到 spaCy 流程中：

```
def add_ner_to_model(nlp):
    if "ner" not in nlp.pipe_names:
        ner = nlp.create_pipe("ner")
        nlp.add_pipe(ner, last=True)
    else:
        ner = nlp.get_pipe("ner")
    return (nlp, ner)
```

8. 在 add_labels 函数中，我们添加需要模型识别的命名实体标签：

```
def add_labels(ner, data):
    for sentence, annotations in data:
        for ent in annotations.get("entities"):
```

```
        ner.add_label(ent[2])
    return ner
```

9. 现在我们可以定义 train_model 函数：

```
def train_model(model=None):
    nlp = create_model(model)
    (nlp, ner) = add_ner_to_model(nlp)
    ner = add_labels(ner, DATA)
    pipe_exceptions = ["ner", "trf_wordpiecer",
                        "trf_tok2vec"]
    other_pipes = [pipe for pipe in nlp.pipe_names if
                    pipe not in pipe_exceptions]
    with nlp.disable_pipes(*other_pipes), \
    warnings.catch_warnings():
        warnings.filterwarnings("once",
                                category=UserWarning,
                                module='spacy')
        if model is None:
            nlp.begin_training()
        for itn in range(N_ITER):
            random.shuffle(DATA)
            losses = {}
            batches = minibatch(DATA,
                    size=compounding(4.0, 32.0, 1.001))
            for batch in batches:
                texts, annotations = zip(*batch)
                nlp.update(
                    texts,
                    annotations,
                    drop=0.5,
                    losses=losses,
                )
            print("Losses", losses)
    return nlp
```

10. test_model 函数将打印特定文本的模型输出：

```
def test_model(nlp, data):
    for text, annotations in data:
        doc = nlp(text)
```

```
      for ent in doc.ents:
            print(ent.text, ent.start_char, ent.end_char,
                ent.label_)
```

11. without_training 函数将在我们进行任何训练之前向我们展示模型的输出：

```
def without_training(data=DATA):
nlp = spacy.load("en_core_web_sm")
test_model(nlp, data)
```

12. 现在我们可以把代码放在一起。首先，我们输出未经任何训练输出的实体：

```
without_training()
```

输出如下：

```
India 22 27 GPE
Asterix 39 46 ORG
Cacofonix 66 75 NORP
Asterix and Obelix 26 44 ORG
India 61 66 GPE
Orinjade 122 130 PRODUCT
```

13. 现在我们更新小的 spaCy 模型并在数据上进行测试：

```
model = "en_core_web_sm"
nlp = train_model(model)
test_model(nlp, DATA)
save_model(nlp, OUTPUT_DIR)
```

输出如下：

```
Losses {'ner': 15.059146494916945}
…
Losses {'ner': 0.007869491956206238}
Cacofonix 0 9 PERSON
Asterix 26 33 PERSON
Obelix 38 44 PERSON
India 61 66 LOC
Orinjade 122 130 PERSON
Asterix 39 46 PERSON
Cacofonix 66 75 PERSON
```

14. load_and_test 函数将加载一个模型并打印其输出：

```
def load_and_test(model_dir, data=DATA):
nlp = load_model(model_dir)
test_model(nlp, data)
```

15. 我们可以检查加载的模型是否以相同的方式工作：

```
load_and_test(OUTPUT_DIR)
```

输出如下：

```
Asterix 39 46 PERSON
Cacofonix 66 75 PERSON
Cacofonix 0 9 PERSON
Asterix 26 33 PERSON
Obelix 38 44 PERSON
India 61 66 LOC
Orinjade 122 130 PERSON
```

● 它是如何工作的…

在步骤 1 中，我们导入必要的包和函数。在步骤 2 中，我们定义带标注的数据列表。该列表是一个元组列表，其中第一个元素是被标注的句子，第二个元素是实体字典。该字典包含元素，其中键是 entities 字符串，值是元组列表。每个元组表示一个实体，并按顺序包含开始字符、结束字符以及实体类型。

在步骤 3 中，我们为模型训练的迭代次数和保存目录定义全局变量。

在步骤 4 中，我们定义了 save_model 函数，它接收一个模型和一个目录，然后将模型保存到目录中。如果没有这样的目录，函数会创建它。

在步骤 5 中，我们定义了 load_model 函数，它接收一个目录并加载之前保存在那里的模型。

步骤 6 定义的 create_model 函数要么创建一个空白的英文模型，要么加载一个现有模型。如果传入的 model 参数为 None，则函数创建一个空白模型，否则，它将使用参数加载模型。

在步骤 7 中，我们定义了 add_ner_to_model 函数，其中，如果 NER 组件不存在，则将其添加到 spaCy 模型流程。我们返回它和模型以供进一步处理。

步骤 8 中定义的 add_labels 函数将模型需要训练的标签添加到流程的 NER 组件中。该函数接收带标注的数据对象并从对象中读取标签。新标签和现有标签都可以在这一步添加。对于更大量的数据，最好编写一个新的定义，它不会遍历所有数据以添加标签。现在定义函数的方式，它多次添加相同的标签。

步骤 9 中的 train_model 函数为训练准备模型，然后训练它。它首先使用步骤 6 中定义的 create_model 函数创建模型，再使用步骤 7 中的 add_ner_to_model 函数添加 NER 组件，再使用 add_labels 函数添加要训练的标签。接着它禁用其他流程组件并开始训练过程，然后分批获取数据并更新模型。最后，它返回经过训练的模型。

在步骤 10 中，我们定义了 test_model 函数，它为给定的文本打印出模型的标签。

在步骤 11 中，我们定义了 without_training 函数，它显示了 spaCy NER 标记的输出，无需额外的训练步骤。当我们在步骤 12 中运行这个函数时，我们看到虽然 spaCy 可以很好地找到实体，但标签是不显示的。Asterix 被标记为一个组织，Cacofonix 被标记为一个国家/宗教团体等。

在步骤 13 中，我们加载了 small spaCy 模型，在两个额外的句子上训练它，测试模型，并将其保存到输出目录。实体的标记现在是正确的。

在步骤 14 中，我们定义了 load_and_test 函数，它加载保存的模型并在提供的数据上对其进行测试。

在步骤 15 中，我们加载保存的模型并再次对输入数据进行测试，看看它是否正常工作。

● 还有更多…

现在假设我们要为 Asterix 漫画系列中提到的所有高卢战士创建一个新的实体类型 GAULISH_WARRIOR。为此，我们将对数据进行不同的标注并训练一个新模型：

1. 定义 NEW_LABEL 变量以包含名称 GAULISH_WARRIOR 并使用新标签标注数据：

```
NEW_LABEL = "GAULISH_WARRIOR"
MODIFIED_DATA = [
    ("A fakir from far-away India travels to Asterix's\
    village and asks Cacofonix to save his land from\
    drought since his singing can cause rain.",
        {'entities':[(39, 46, NEW_LABEL),
                     (66, 75, NEW_LABEL)]}),
    ("Cacofonix, accompanied by Asterix and Obelix, \
    must travel to India aboard a magic carpet to\
    save the life of the princess Orinjade, who is to\
    be sacrificed to stop the drought.",
        {'entities':[(0, 9, NEW_LABEL),
                     (26, 33, NEW_LABEL),
                     (38, 44, NEW_LABEL),
                     (61, 66, "LOC"),
                     (122, 130, "PERSON")]})
]
```

重要提示

在这个例子中，我们只有两个句子带有几个新实体例子。在实际环境中，您应该使用几百个例子。此外，重要的是包括 spaCy 之前识别的其他实体，以避免灾难性遗忘的问题。有关更多信息，请参阅 spaCy 文档：https://spacy.io/usage/training#example-new-entity-type。

2. 定义一个新的训练函数：

```python
def train_model_new_entity_type(model=None):
    random.seed(0)
    nlp = create_model(model)
    (nlp, ner) = add_ner_to_model(nlp)
    ner = add_labels(ner, MODIFIED_DATA)
    if model is None:
        optimizer = nlp.begin_training()
    else:
        optimizer = nlp.resume_training()
    move_names = list(ner.move_names)
    pipe_exceptions = ["ner", "trf_wordpiecer",
                       "trf_tok2vec"]
    other_pipes = [pipe for pipe in nlp.pipe_names if
                   pipe not in pipe_exceptions]
    with nlp.disable_pipes(*other_pipes), \
    warnings.catch_warnings():
        warnings.filterwarnings("once",
                                category=UserWarning,
                                module='spacy')
        sizes = compounding(1.0, 4.0, 1.001)
        for itn in range(N_ITER):
            random.shuffle(MODIFIED_DATA)
            batches = minibatch(MODIFIED_DATA,
                                size=sizes)
            losses = {}
            for batch in batches:
                texts, annotations = zip(*batch)
                nlp.update(texts, annotations,
                           sgd=optimizer, drop=0.35,
                           losses=losses)
            print("Losses", losses)
    return nlp
```

3. 按照与之前相同的步骤训练和测试模型：

```python
model = "en_core_web_sm"
nlp = train_model_new_entity_type(model)
test_model(nlp, DATA)
```

输出如下：

```
Losses {'ner': 52.82467313932977}
…
Losses {'ner': 42.32477968116291}
Asterix 39 46 GAULISH_WARRIOR
Cacofonix 66 75 GAULISH_WARRIOR
Cacofonix 0 9 GAULISH_WARRIOR
Asterix 26 33 GAULISH_WARRIOR
Obelix 38 44 GAULISH_WARRIOR
India 61 66 LOC
Orinjade 122 130 PERSON
```

● **请参阅**

spaCy NER 模型是一种神经网络模型。您可以从 spaCy 文档中了解有关其架构的更多信息：https：//spacy.io/models#architecture。

5.6　发现情感分析

在这个专题中，我们将使用两个简单的工具来将句子标记为具有正面或负面情绪。第一个工具是 NLTK Vader 情感分析器，第二个工具是 textblob 包。

● **准备**

对于这个专题我们将需要 nltk 和 textblob 包。如果您还没有安装它们，使用以下命令安装它们：

```
pip install nltk
pip install textblob
```

除此之外，第一次使用 Vader 情感分析器时，您需要从 Python 运行以下命令：

```
>> import nltk
>>nltk.download('vader_lexicon')
```

● **怎么做…**

我们将定义两个函数：一个将使用 NLTK 进行情感分析，另一个将使用 TextBlob。您的步骤应采用如下格式：

1. 导入包：

```
from textblob import TextBlob
from nltk.sentiment.vader import
```

135

```
SentimentIntensityAnalyzer
```

2. 定义 sentences 列表：

```
sentences = ["I love going to school!", "I hate going to
school!"]
```

3. 初始化 NLTK 情感引擎：

```
sid = SentimentIntensityAnalyzer()
```

4. 定义 get_blob_sentiment 函数，该函数将使用 textblob 包判断句子情感：

```
def get_blob_sentiment(sentence):
    result = TextBlob(sentence).sentiment
    print(sentence, result.polarity)
    return result.polarity
```

5. 定义 get_nltk_sentiment 函数，它将使用 NLTK SentimentIntensityAnalyzer：

```
def get_nltk_sentiment(sentence):
    ss = sid.polarity_scores(sentence)
    print(sentence, ss['compound'])
    return ss['compound']
```

6. 首先，对列表中的每个句子使用 NLTK 函数：

```
for sentence in sentences:
    sentiment = get_nltk_sentiment(sentence)
```

结果如下：

```
I love going to school! 0.6696
I hate going to school! -0.6114
```

7. 现在使用 TextBlob 函数：

```
for sentence in sentences:
    sentiment = get_blob_sentiment(sentence)
```

结果如下：

```
I love going to school! 0.625
I hate going to school! -1.0
```

● 它是如何工作的…

在步骤 1 中，我们在这个专题中导入需要的类。在步骤 2 中，我们定义将使用的句子列表；包括一个肯定句和一个否定句。在步骤 3 中，我们将 NLTK 情感引擎初始化为一个全局变量，因此我们不必每次需要使用它时都重新定义它。

在步骤 4 中，我们使用 TextBlob 类来获取句子情绪。该类的工作方式类似于 spaCy 的引擎：它需要一个句子并立即分析它的所有内容。情绪结果可通过 sentiment 对象获得。对象包含情绪分数，以及主观性分数。负面情绪得分意味着消极情绪，正面情绪得分意味着积极情绪。分数的绝对值越高，系统对它的信心就越大。

在步骤 5 中，我们使用 NLTK SentimentIntensityAnalyzer 对象来获取情绪分数。score 对象中的 compound 元素包含整体分数。就像在 TextBlob 结果中一样，负分表示负面情绪，正分表示正面情绪，绝对值越高表示对结果的信心越大。

在步骤 6 中，我们使用 NLTK 打印出结果，并在步骤 7 中使用 TextBlob。它们是非常相似的。您可以在您的数据上对其进行测试，看看哪一个更适合您的目的。

5.7 使用 LSTM 的短文本情感分析：Twitter

在这个专题中，我们将 LSTM 算法应用于 Twitter 数据，我们将根据正面和负面情绪对其进行分类。这将类似于上一章中的"使用 LSTM 进行有监督的文本分类"专题。在专题结束时，您将能够加载和清理数据，并创建和训练用于情绪预测的 LSTM 模型。

● 准备

对于这个专题，我们将使用与之前相同的深度学习包，以及一个额外的包来分割 Twitter 标签，可以在以下位置 https://github.com/jchook/wordseg 下载。下载后，使用以下命令安装它：

```
python setup.py install
```

我们还需要下载 Twitter 数据集，可以在 https://www.kaggle.com/kazanova/sentiment140 上找到。

我们还将使用 tqdm 包来查看需要很长时间才能完成的功能的进度。使用以下方法安装它：

```
pip install tqdm
```

● 怎么做…

我们将加载数据、清理数据，然后使用它来训练 LSTM 模型。我们不会使用整个数据集，因为它非常大。我们还将根据语言对其进行过滤，因为它是一个多语言数据集。

您的步骤应采用如下格式：

1. 导入必要的函数和包：

```
import re
import pandas as pd
from tqdm import tqdm
from wordseg import segment
import html
import numpy as np
```

```
from sklearn.metrics import classification_report
from sklearn.model_selection import train_test_split
from langdetect import detect
from langdetect.lang_detect_exception import
LangDetectException
from keras.preprocessing.text import Tokenizer
from keras.preprocessing.sequence import pad_sequences
import tensorflow as tf
from keras import Sequential
from tensorflow.keras.layers import Embedding,
SpatialDropout1D, LSTM, Densefrom tensorflow.keras.
callbacks import EarlyStopping
import matplotlib.pyplot as plt
from Chapter04.lstm_classification import plot_model
```

2. 初始化全局变量：

```
MAX_NUM_WORDS = 50000
EMBEDDING_DIM = 500
twitter_csv = \
"Chapter05/training.1600000.processed.noemoticon.csv"
english_twitter = "Chapter05/twitter_english.csv"
```

3. 初始化一个 tqdm 对象，以便能够查看循环的进度：

```
tqdm.pandas()
```

4. filter_english 函数采用 pandas DataFrame 并仅过滤英文推文。它还将 DataFrame 保存到一个新的、更小的 CSV 文件中：

```
def filter_english(df, save_path):
    df['language'] = df['tweet'].progress_apply(
                            lambda t: lang_detect(t))
    df = df[df['language'] == 'en']
    df.to_csv(save_path, encoding="latin1")
    return df
```

5. get_data 函数读取数据集文件，从中获取 160000 个数据点，然后将它们过滤为英文推文：

```
def get_data(filename, save_path,
             num_datapoints=80000):
    df = pd.read_csv(filename, encoding="latin1")
    df.columns = ['sentiment', 'id', 'date', 'query',
```

```
                    'username', 'tweet']
    df = pd.concat([df.head(num_datapoints),
                    df.tail(num_datapoints)])
    df = filter_english(df, save_path)
    return df
```

6. clean_data 函数通过将所有推文小写、解码 HTML 标记、删除@ 提及和 URL、将主题标签分割为其组成词、删除非字母字符以及用 1 而不是 4 重新标记正面推文来清理数据：

```
def clean_data(df):
    #Lowercase all tweets
    df['tweet'] = \
    df['tweet'].progress_apply(lambda t: t.lower())
    #Decode HTML
    df['tweet'] = df['tweet'].progress_apply(
                            lambda t: html.unescape(t))
    #Remove @ mentions
    df['tweet'] = df['tweet'].progress_apply(
            lambda t: re.sub(r'@[A-Za-z0-9]+','',t))
    #Remove URLs
    df['tweet'] = df['tweet'].progress_apply(lambda t:\
            re.sub('https?://[A-Za-z0-9./]+','',t))
    #Segment hashtags
    df['tweet'] = df['tweet'].progress_apply(lambda \
                        t: segment_hashtags(t))
    #Remove remaining non-alpha characters
    df['tweet'] = df['tweet'].progress_apply(lambda \
                    t: re.sub("[^a-zA-Z]", " ", t))
    #Re-label positive tweets with 1 instead of 4
    df['sentiment'] = df['sentiment'].apply(lambda \
                        t: 1 if t==4 else t)
    return df
```

7. train_model 函数接收一个 Pandas DataFrame 并训练、保存和评估结果模型：

```
def train_model(df):
    tokenizer = \
    Tokenizer(num_words=MAX_NUM_WORDS,
    filters='!"#$%&()*+,-./:;<=>?@[\]^_`{|}~',
    lower=True)
```

```
tokenizer.fit_on_texts(df['tweet'].values)
save_tokenizer(tokenizer, 'Chapter05/twitter_tokenizer.
pkl')
    X = \
    tokenizer.texts_to_sequences(df['tweet'].values)
    X = pad_sequences(X)
    Y = df['sentiment'].values
    X_train, X_test, Y_train, Y_test = \
    train_test_split(X,Y, test_size=0.20,
                        random_state=42,
                        stratify=df['sentiment'])
    model = Sequential()
    optimizer = tf.keras.optimizers.Adam(0.00001)
    model.add(Embedding(MAX_NUM_WORDS, EMBEDDING_DIM,
                        input_length=X.shape[1]))
    model.add(SpatialDropout1D(0.2))
    model.add(LSTM(100, dropout=0.5,
            recurrent_dropout=0.5,
            return_sequences=True))

    model.add(LSTM(100, dropout=0.5,
            recurrent_dropout=0.5))
    model.add(Dense(1, activation='sigmoid'))
    loss='binary_crossentropy' #Binary in this case
    model.compile(loss=loss, optimizer=optimizer,
                metrics=['accuracy'])
    epochs = 15
    batch_size = 32
    es = [EarlyStopping(monitor='val_loss',
                        patience=3, min_delta=0.0001)]
    history = model.fit(X_train, Y_train,
                        epochs=epochs,
                        batch_size=batch_size,
                        validation_split=0.3,
                        callbacks=es)
    accr = model.evaluate(X_test,Y_test)
    print('Test set\n  Loss: {:0.3f}\n \
```

```
            Accuracy: {:0.3f}'.format(accr[0],accr[1]))
    model.save('Chapter05/twitter_model.h5')
    evaluate(model, X_test, Y_test)
    plot_model(history)
```

8. 我们将上述函数应用于数据以训练模型：

```
df = get_data(twitter_csv)
df = clean_data(df)
train_model(df)
```

结果如下所示：

```
Epoch 1/25
2602/2602 [==============================] - 1381s 531ms/
step - loss: 0.6785 - accuracy: 0.6006 - val_loss: 0.6442
- val_accuracy: 0.6576
…
Epoch 15/15
2602/2602 [==============================] - 1160s 446ms/
step - loss: 0.4146 - accuracy: 0.8128 - val_loss: 0.4588
- val_accuracy: 0.7861
929/929 [==============================] - 16s 17ms/step
- loss: 0.4586 - accuracy: 0.7861
Test set
  Loss: 0.459
  Accuracy: 0.786
```

	precision	recall	f1-score	support
negative	0.79	0.78	0.79	14949
positive	0.78	0.79	0.79	14778
accuracy			0.79	29727
macro avg	0.79	0.79	0.79	29727
weighted avg	0.79	0.79	0.79	29727

损失图看起来像这样（见图 5.1）：

● 它是如何工作的…

在步骤 1 中，我们导入将在本专题中使用的包和函数。除了已经熟悉的 sklearn 函数，我们还从 tensorflow 导入深度学习函数和类。在步骤 2 中，我们初始化全局变量。

在步骤 3 中，我们初始化 tqdm 对象。此对象在对 pandas 对象执行操作时提供进度条。

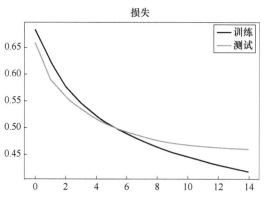

图 5.1　训练和测试数据集的损失函数图

在步骤 4 中，我们定义了 filter_english 函数。此函数采用加载的 DataFrame 并仅保存英语推文。它使用推文语言附加一个新列，在其上过滤 DataFrame，然后将过滤后的 DataFrame 保存到提供的路径。

在步骤 5 中，我们定义了 get_data 函数。它将完整的数据集加载到内存中，并获取最前面的和最后面的 num_datapoints 行，默认情况下为 80000。这样做是为了让我们得到等量的正面和负面推文，因为它们是按情绪排序的。然后我们在生成的 DataFrame 上使用 filter_english 函数并将其保存到文件中。

在步骤 6 中，我们定义了 clean_data 函数，该函数对英文推文进行一些预处理。它首先将所有推文小写，然后删除 HTML 标签，例如 &，接着删除@ 提及和 URL。另外它使用 wordseg 包，将主题标签分解为单词。然后它删除任何剩余的非字母数字字符并将正面情绪分数变为 1 而不是 4。

在步骤 7 中，我们定义了 train_model 函数。该函数几乎与我们在上一章中 "使用 LSTM 进行监督文本分类" 专题中使用的函数相同，但也有一些不同之处。我们使用较低的学习率，不同的激活函数和不同的 loss 函数。激活和 loss 函数以及准确率指标的差异是由于在这种情况下我们只有两个标签，而不是上述专题中的五个标签。我们还增加了网络的深度以及增加了 dropout 率以避免过拟合。

在步骤 8 中，我们将定义的函数应用于 Twitter 数据。使用这些数据，我们达到了 79% 的准确率，并且损失函数图仍然显示出一些过拟合。

5.8　使用 BERT 进行情感分析

在这个专题中，我们将微调一个预训练的 Transformers 的双向编码器表示（BERT）模型，以对来自前一专题的 Twitter 数据进行分类。我们将加载模型，对数据进行编码，然后使用数据对模型进行微调。然后，我们将在没见过的例子中使用它。

- **准备**

我们将在这个专题中使用 Hugging Face transformers 库。需要安装软件包，运行以下命令：

```
pip install transformers
```

我们将使用与上一个专题中相同的 Twitter 数据集。

- **怎么做…**

BERT 模型比我们在之前的专题中使用的模型要复杂一些，但总体思路是一样的：编码数据并训练模型。不同之处在于，在这个专题中，模型已经过预训练，我们将仅使用我们的数据对其进行微调。此专题的步骤如下：

1. 导入必要的函数和包：

```
import pandas as pd
import tensorflow as tf
import numpy as np
from transformers import BertTokenizer
from transformers import TFBertForSequenceClassification
from tensorflow.keras.layers import Dense
from sklearn.model_selection import train_test_split
from Chapter04.svm_classification import split_dataset
from Chapter04.twitter_sentiment import read_existing_
file, clean_data, plot_model
```

2. 初始化全局变量：

```
batch_size = 32
DATASET_SIZE = 4000
english_twitter = "Chapter04/twitter_english.csv"
tokenizer = \
BertTokenizer.from_pretrained('bert-base-uncased',
                              do_lower_case=True)
max_length = 200
```

3. encode_data 函数将 pandas DataFrame 转换为 TensorFlow 数据集：

```
def encode_data(df):
    input_ids_list = []
    token_type_ids_list = []
    attention_mask_list = []
    label_list = []
```

```
    for index, row in df.iterrows():
        tweet = row['tweet']
        label = row['sentiment']
        tokenized = tokenizer.tokenize(tweet)
        bert_input = \
        tokenizer.encode_plus(tweet,
                              add_special_tokens = True,
                              max_length = max_length,
                              pad_to_max_length = True,
                              return_attention_mask = \
                              True,
                              )
        input_ids_list.append(bert_input['input_ids'])
        token_type_ids_list.append(bert_input[
                                   'token_type_ids'])
        attention_mask_list.append(bert_input[
                                   'attention_mask'])
        label_list.append([label])
    return tf.data.Dataset.from_tensor_slices(
        (input_ids_list, attention_mask_list,
        token_type_ids_list,
        label_list)).map(map_inputs_to_dict)
```

4. encode_data 使用的辅助函数是 map_inputs_to_dict：

```
def map_inputs_to_dict(input_ids, attention_masks,
                       token_type_ids, label):
    return {
        "input_ids": input_ids,
        "token_type_ids": token_type_ids,
        "attention_mask": attention_masks,
    }, label
```

5. prepare_dataset 函数接收 DataFrame 并返回一个 TensorFlow Dataset 对象：

```
def prepare_dataset(df):
    df = clean_data(df)
    df = pd.concat([df.head(int(DATASET_SIZE/2)),
                   df.tail(int(DATASET_SIZE/2))])
    df = df.sample(frac = 1)
    ds = encode_data(df)
```

```
    return ds
```

6. fine_tune_model 功能微调预训练 BERT 模型并保存它：

```
def fine_tune_model(ds, export_dir):
    (train_dataset, test_dataset, val_dataset) = \
    get_test_train_val_datasets(ds)
    learning_rate = 2e-5
    number_of_epochs = 3
    model = TFBertForSequenceClassification\
            .from_pretrained('bert-base-uncased')
    optimizer = tf.keras.optimizers.Adam(
                        learning_rate=learning_rate,
                        epsilon=1e-08)
    loss = \
    tf.keras.losses.SparseCategoricalCrossentropy(
                                from_logits=True)
    metric = tf.keras.metrics.\
            SparseCategoricalAccuracy('accuracy')
    model.compile(optimizer=optimizer, loss=loss,
            metrics=[metric])
    bert_history = model.fit(train_dataset,
                        epochs=number_of_epochs,
                        validation_data=val_dataset)
    model.save_pretrained(export_dir)
    return model
```

7. 我们现在将上述函数应用于数据来训练模型：

```
df = read_existing_file(english_twitter)
dataset = prepare_dataset(df)
model = fine_tune_model(dataset,
                    'Chapter05/bert_twitter_model')
```

除了一些您可以忽略的警告之外，结果将如下所示：

```
88/88 [==============================] - 4067s 46s/step -
loss: 0.5649 - accuracy: 0.7014 - val_loss: 0.4600 - val_
accuracy: 0.7883
```

8. 我们现在可以使用 test_new_example 函数和新的例子来测试我们的模型：

```
def test_new_example(model_path, tweet):
    model = load_existing_model(model_path)
```

```
bert_input = encode_example(tweet)
tf_output = \
model.predict([bert_input['input_ids'],
bert_input['token_type_ids'],
bert_input['attention_mask']])[0]
tf_pred = tf.nn.softmax(tf_output,
                                axis=1).numpy()[0]
new_label = np.argmax(tf_pred, axis=-1)
print(new_label)
return new_label
```

9. 让我们在一条新推文上使用 test_new_example 函数：

```
test_new_example('Chapter04/bert_twitter_test_model',
                 "I hate going to school")
```

结果如下（您可以忽略各种警告）：

```
0
```

10. evaluate_model 加载并评估现有模型，并打印出分类报告：

```
def evaluate_model(model, X_test, y_test):
    y_pred = []
    for tweet in X_test:
        bert_input = encode_example(tweet)
        tf_output = \
        model.predict([bert_input['input_ids'],
        bert_input['token_type_ids'],
        bert_input['attention_mask']])[0]
        tf_pred = tf.nn.softmax(tf_output,
                                        axis=1).numpy()[0]
        new_label = np.argmax(tf_pred, axis=-1)
        y_pred.append(new_label)
    print(classification_report(y_test, y_pred,
        labels=[0, 1], target_names=['negative',
                                        'positive']))
```

11. 前面的函数使用 encode_example，它接收文本并返回模型所需的 BERT 表示：

```
def encode_example(input_text):
    tokenized = tokenizer.tokenize(input_text)
    bert_input = \
    tokenizer.encode_plus(input_text,
```

```
                            add_special_tokens = True,
                            max_length = max_length,
                            pad_to_max_length = True,
                            return_attention_mask = True,
                            return_tensors='tf'
                        )
    return bert_input
```

12. load_and_evaluate_existing_model 接收一个数据集和一个现有的微调模型并对其进行评估：

```
def load_and_evaluate_existing_model(export_dir):
    model = load_existing_model(export_dir)
    df = read_existing_file(english_twitter)
    df = clean_data(df)
    df = pd.concat([df.head(200),df.tail(200)])
    (X_train, X_test, y_train, y_test) = \
    split_dataset(df, 'tweet', 'sentiment')
    evaluate_model(model, X_test, y_test)
```

13. 应用 load_and_evaluate_existing_model 函数：

```
load_and_evaluate_existing_model(filename)
```

结果如下（您可以忽略各种警告）：

	precision	recall	f1-score	support
negative	0.76	0.63	0.69	46
positive	0.60	0.74	0.66	34
accuracy			0.68	80
macro avg	0.68	0.68	0.67	80
weighted avg	0.69	0.68	0.68	80

● 它是如何工作的…

在步骤 1 中，我们导入必要的函数和包。

在步骤 2 中，我们定义全局变量。我们将只使用 Twitter 的一小部分数据集，4000 个数据点；这是在 DATASET_SIZE 变量中输入的。我们使用的分词器来自 Hugging Face，就像预训练的模型一样，我们也在开始时加载它。max_length 变量指定输入字符串的长度。由于最长的推文是 178 个字符，我们将限制设置为 200。

在步骤 3 中，我们定义了 encode_data 函数，它将文本转换为预训练的 BERT 模型可接收的输入。它使用分词器的 encode_plus 函数。BERT 模型不像其他机器学习和深度学习模型那样只接收向量作为输入，而是一系列输入 ID、标记类型 ID 和注意掩码。

在步骤 4 中，我们定义了 map_inputs_to_dict 函数。它将输入和正确的标签映射到输入列表的字典。

在步骤 5 中，我们定义了 prepare_dataset 函数，它获取我们的 Twitter 数据，使用上一个专题中的 clean_data 函数对其进行清理，使用分词器对其进行编码，并返回一个 tensorflow Dataset 对象。

步骤 6 中定义的 fine_tune_model 函数加载预训练模型，然后根据我们提供给它的数据进一步训练它，创建一个模型以供进一步使用。由于模型的大小，学习率要小得多，我们可以使用稀疏分类损失和准确率，因为这是一个二分类输出模型。在步骤 7 中，我们使用定义的函数训练模型。如您所见，只需一轮的微调并且数据量减少 20 倍，我们就能达到相同的准确率，即 78%。

在步骤 8 中，我们定义了 test_new_example 函数，该函数使用经过训练的模型来对一个没见过的例子进行预测。在步骤 9 中，我们在一条新推文上使用此函数，结果为 0，表示负面情绪。

在步骤 10 中，我们定义一个函数，evaluate_model，其评估模型准确率并打印出分类报告。

在步骤 11 中，我们定义了 encode_example 函数，它将文本作为输入并返回 BERT 模型所需的表示。

在步骤 12 中，我们定义了 load_and_evaluate_existing_model 函数。它加载一个微调的模型，我们的 Twitter 数据集，然后计算模型的统计数据。数据再次需要使用 BERT 标记器进行编码并转换为张量，这就是 encode_example 函数的工作，它一次编码一个示例。测试集上的准确率较低，这意味着最好更多轮地训练模型并可能使用更多数据。

重要提示

微调 BERT 模型的计算量非常大。您可以试试在 Google Colab 或 Kaggle 中训练它们。

在新示例上测试模型需要我们像以前一样对文本进行编码，并使用模型的 predict 方法。在我们这样做之后，需要将 softmax 函数应用到结果数组，以获得每个类的概率。应用 NumPy 函数 argmax 让我们得到最终答案。当我们使用新的负面情绪推文测试模型时，它确实返回 0 作为最终答案。

● 还有更多…

通过 Hugging Face 和其他方式，还有许多不同的预训练模型可用。例如，Hugging Face 提供了 TFDistilBertForSequenceClassification 模型，它比我们在这个专题中使用的 TFBertForSequenceClassification 模型更轻量级。那里还有其他可用的语言模型和多语言模型。

● 请参阅

这些是我在研究这个专题时使用的博客文章：https：//atheros. ai/blog/text-classification-with-transformers-in-tensorflow-2 和 https：//towardsdatascience. com/fine-tuning-hugging-face-model-with-custom-dataset-82b8092f5333。

第 6 章
主题建模

在本章中，我们将介绍主题建模，或文本语料库中主题的无监督发现。有许多不同的算法可以做到这一点，我们将介绍其中的四个：使用两个不同包的潜狄利克雷分布（LDA）、非负矩阵分解（NMF）、具有 Transformers 的双向编码器表示（BERT）的 K-means，以及吉布斯采样狄利克雷多项式混合模型（GSDMM），用于短文本的主题建模，例如句子或推文。

专题清单如下：
- 使用 sklearn 进行 LDA 主题建模
- 使用 gensim 进行 LDA 主题建模
- NMF 主题建模
- 使用 BERT 进行 K-means 主题建模
- 短文本主题建模

6.1　技术要求

在本章中，我们将使用之前在第 4 章 "文本分类" 中使用的相同 BBC 数据集。该数据集位于本书的 GitHub 存储库中的 https://github.com/PacktPublishing/Python-Natural-Language-Processing-Cookbook/blob/master/Chapter04/bbc-text.csv。

6.2　使用 sklearn 进行 LDA 主题建模

在这个专题中，我们将使用 LDA 算法来发现出现在 BBC 数据集中的主题。该算法可以被认为是降维，或者从计算单词的表示形式出发（例如我们如何使用 CountVectorizer 或 TfidfVectorizer 表示文档，请参阅第 3 章，"表示文本：捕获语义"，我们将文档表示为主题集合，每个主题都有一个权重）。主题的数量当然远小于词汇表中的单词数量。要了解有关 LDA 算法如何工作的更多信息，请参阅 https://highdemandskills.com/topic-modeling-intuitive/。

- **准备**

我们将使用 sklearn 和 pandas 包。如果您还没有安装它们，请使用以下命令进行安装：

```
pip install sklearn
```

```
pip install pandas
```

- **怎么做…**

我们将使用一个数据框来解析数据，然后使用 CountVectorizer 对象表示文档，应用 LDA 算法，最后打印出主题最常用的单词。此专题的步骤如下：

1. 执行必要的导入：

```
import re
import pandas as pd
from sklearn.feature_extraction.text import
CountVectorizer
from sklearn.decomposition import
LatentDirichletAllocation as LDA
from Chapter04.preprocess_bbc_dataset import get_
stopwords
from Chapter04.unsupervised_text_classification import
tokenize_and_stem
```

2. 初始化全局变量：

```
stopwords_file_path = "Chapter01/stopwords.csv"
stopwords = get_stopwords(stopwords_file_path)
bbc_dataset = "Chapter04/bbc-text.csv"
```

3. 然后我们使用一个函数来创建向量化器：

```
def create_count_vectorizer(documents):
    count_vectorizer = \
    CountVectorizer(stop_words=stopwords,
                    tokenizer=tokenize_and_stem)
    data = count_vectorizer.fit_transform(documents)
    return (count_vectorizer, data)
```

4. clean_data 函数将删除标点符号和数字：

```
def clean_data(df):
    df['text'] = \
    df['text'].apply(lambda x: re.sub(r'[^\w\s]',
                                      ' ', x))
    df['text'] = \
```

```
    df['text'].apply(lambda x: re.sub(r'\d', '', x))
    return df
```

5. 以下函数将创建一个 LDA 模型并将其拟合到数据中：

```
def create_and_fit_lda(data, num_topics):
    lda = LDA(n_components=num_topics, n_jobs=-1)
    lda.fit(data)
    return lda
```

6. get_most_common_words_for_topics 函数将获取字典中每个主题的最常用词：

```
def get_most_common_words_for_topics(model, vectorizer,
                                     n_top_words):
    words = vectorizer.get_feature_names()
    word_dict = {}
    for topic_index, topic in \
    enumerate(model.components_):
        this_topic_words = [words[i] for i in \
                topic.argsort()[:-n_top_words - 1:-1]]
        word_dict[topic_index] = this_topic_words
    return word_dict
```

7. print_topic_words 函数将打印每个主题最常用的词：

```
def print_topic_words(word_dict):
    for key in word_dict.keys():
        print(f"Topic {key}")
        print("\t", word_dict[key])
```

8. 现在我们可以读取数据并清理它。要处理的文档将位于数据框的 text 列中：

```
df = pd.read_csv(bbc_dataset)
df = clean_data(df)
documents = df['text']
```

9. 然后我们将主题数设置为 5：

```
number_topics = 5
```

10. 我们现在可以创建向量化器、转换数据并拟合 LDA 模型：

```
(vectorizer, data) = create_count_vectorizer(documents)
lda = create_and_fit_lda(data, number_topics)
```

11. 现在，我们创建一个包含最常见单词的字典并打印它：

```
topic_words = \
get_most_common_words_for_topics(lda, vectorizer, 10)
print_topic_words(topic_words)
```

每次运行结果都会有所不同，一种可能的输出如下：

```
Topic 0
        ['film', 'best', 'award', 'year', 'm', 'star',
        'director', 'actor', 'nomin', 'includ']
Topic 1
        ['govern', 'say', 'elect', 'peopl', 'labour',
        'parti', 'minist', 'plan', 'blair', 'tax']
Topic 2
        ['year', 'bn', 'compani', 'market', 'm', 'firm',
        'bank', 'price', 'sale', 'share']
Topic 3
        ['use', 'peopl', 'game', 'music', 'year', 'new',
        'mobil', 'technolog', 'phone', 'show']
Topic 4
        ['game', 'year', 'play', 'm', 'win', 'time',
        'england', 'first', 'player', 'back']
```

● 它是如何工作的…

在步骤 1 中，我们导入必要的包。我们将 CountVectorizer 对象用于向量化器，将 Latent-DirichletAllocation 对象用于主题模型。在步骤 2 中，我们初始化停用词文件的路径，并将其读入列表，然后初始化文本数据集的路径。在步骤 3 中，我们定义了创建计数向量化器并将其拟合到数据的函数。然后我们返回转换后的数据矩阵和向量化器本身，我们将在后面的步骤中使用它们。

步骤 4 中的 clean_data 函数从数据集中删除不是单词字符和空格（主要是标点符号）的字符以及数字。为此，我们在 pandas Dataframe 对象上使用 apply 函数，该对象应用了一个使用 re 包的 lambda 函数。

在步骤 5 中，我们定义了 create_and_fit_lda 函数来创建 LDA 模型。它将向量转换后的数据和主题的数量作为参数。传递给 LDA 对象的 n_jobs 参数告诉它使用所有处理器进行并行处理。在这种情况下，我们预先知道主题的数量，可以将这个数字传递给函数。在我们有未标记数据的情况下，并不知道这个数字。

在步骤 6 中，我们定义了 get_most_common_words_for_topics 函数，它得到每个主题最常用的词。它返回一个按主题编号索引的字典。

步骤 7 中的 print_topic_words 函数将打印出常用词词典。

在步骤 8 中，我们将 CSV 文件中的数据读入数据框，删除任何不必要的字符，然后从数据框的 text 列中获取文档。在步骤 9 中，我们将主题数设置为 5。在步骤 10 中，我们创建向量化器和 LDA 模型。

在步骤 11 中，我们创建最常用的单词字典并打印出来。结果很好地对应于预定义的主题。Topic 0 与娱乐有关，Topic 1 是关于政治的，Topic 2 是关于经济的，Topic 3 是关于技术的，以及 Topic 4 涉及体育。

● 还有更多…

现在让我们保存模型并在一个新示例上对其进行测试：

1. 导入 pickle 包：

```
import pickle
```

2. 初始化模型和向量化器的路径：

```
model_path = "Chapter06/lda_sklearn.pkl"
vectorizer_path = "Chapter06/vectorizer.pkl"
```

3. 初始化新示例：

```
new_example = """Manchester United players slumped
to the turf at full-time in Germany on Tuesday in
acknowledgement of what their latest pedestrian first-
half display had cost them. The 3-2 loss at RB Leipzig
means United will not be one of the 16 teams in the draw
for the knockout stages of the Champions League. And
this is not the only price for failure. The damage will
be felt in the accounts, in the dealings they have with
current and potentially future players and in the faith
the fans have placed in manager Ole Gunnar Solskjaer.
With Paul Pogba's agent angling for a move for his
client and ex-United defender Phil Neville speaking of a
"witchhunt" against his former team-mate Solskjaer, BBC
Sport looks at the ramifications and reaction to a big
loss for United."""
```

4. 定义 save_model 函数：

```
def save_model(lda, lda_path, vect, vect_path):
pickle.dump(lda, open(lda_path, 'wb'))
pickle.dump(vect, open(vect_path, 'wb'))
```

5. test_new_example 函数将 LDA 模型应用于新输入：

```
def test_new_example(lda, vect, example):
    vectorized = vect.transform([example])
    topic = lda.transform(vectorized)
    print(topic)
    return topic
```

6. 现在让我们运行这个函数：

```
test_new_example(lda, vectorizer, new_example)
```

结果如下：

```
[[0.00509135 0.00508041 0.00508084 0.27087506
0.71387233]]
```

结果是一个概率数组，每个主题一个概率。最大的概率是最后一个主题，即运动，并且是正确的识别。

6.3　使用 gensim 进行 LDA 主题建模

在上一节中，我们看到了如何使用 sklearn 包创建 LDA 模型。在这个专题中，我们将使用 gensim 包创建一个 LDA 模型。

● 准备

我们将使用 gensim 包，它可以使用以下安装命令：

```
pip install gensim
```

● 怎么做…

我们将加载数据、清理数据，并以与上一个专题类似的方式对其进行预处理，然后创建 LDA 模型。此专题的步骤如下：

1. 执行必要的导入：

```
import re
import pandas as pd
from gensim.models.ldamodel import LdaModel
import gensim.corpora as corpora
from gensim.utils import simple_preprocess
import matplotlib.pyplot as plt
from pprint import pprint
from Chapter06.lda_topic import stopwords, bbc_dataset,
clean_data
```

2. 定义将预处理数据的函数。它使用上一个专题中的 clean_data 函数：

```
def preprocess(df):
    df = clean_data(df)
    df['text'] = \
    df['text'].apply(lambda x: \
                    simple_preprocess(x, deacc=True))
```

```
    df['text'] = \
    df['text'].apply(lambda x: [word for word in x if \
                                word not in stopwords])
    return df
```

3. create_lda_model 函数创建并返回模型：

```
def create_lda_model(id_dict, corpus, num_topics):
    lda_model = LdaModel(corpus=corpus,
                         id2word=id_dict,
                         num_topics=num_topics,
                         random_state=100,
                         chunksize=100,
                         passes=10)
    return lda_model
```

4. 读取和预处理 BBC 数据集：

```
df = pd.read_csv(bbc_dataset)
df = preprocess(df)
```

5. 创建 Dictionary 对象和语料库：

```
texts = df['text'].values
id_dict = corpora.Dictionary(texts)
corpus = [id_dict.doc2bow(text) for text in texts]
```

6. 设置主题数为 5 并创建 LDA 模型：

```
number_topics = 5
lda_model = create_lda_model(id_dict, corpus, number_
topics)
```

7. 打印主题：

```
pprint(lda_model.print_topics())
```

结果会有所不同，可能如下所示：

```
[(0,
  '0.010*"net" + 0.008*"software" + 0.007*"users" +
0.007*"information" + '
  '0.007*"people" + 0.006*"attacks" + 0.006*"computer" +
0.006*"data" + '
  '0.006*"use" + 0.005*"firms"'),
 (1,
  '0.012*"people" + 0.006*"blair" + 0.005*"labour" +
0.005*"new" + '
```

```
  '0.005*"mobile" + 0.005*"party" + 0.004*"get" +
0.004*"government" + '
  '0.004*"uk" + 0.004*"election"'),
 (2,
  '0.012*"film" + 0.009*"best" + 0.006*"music" +
0.006*"year" + 0.005*"show" + '
  '0.005*"new" + 0.004*"uk" + 0.004*"awards" +
0.004*"films" + 0.004*"last"'),
 (3,
  '0.008*"game" + 0.006*"england" + 0.006*"first" +
0.006*"time" + '
  '0.006*"year" + 0.005*"players" + 0.005*"win" +
0.005*"world" + 0.005*"back" '
  '+ 0.005*"last"'),
 (4,
  '0.010*"bn" + 0.010*"year" + 0.007*"sales" +
0.005*"last" + '
  '0.004*"government" + 0.004*"new" + 0.004*"market" +
0.004*"growth" + '
  '0.004*"spending" + 0.004*"economic"')]
```

● 它是如何工作的…

在步骤 1 中，我们导入必要的函数和变量。在步骤 2 中，我们定义对数据进行预处理的函数。在这个函数中，我们使用上一个专题中的 clean_data 函数从文本中删除标点符号和数字。然后我们使用 gensim simple_preprocess 函数，它将输入变成小写并对其进行标记。然后我们从输入中删除停用词。

在步骤 3 中，我们创建 LDA 模型。模型的输入如下：语料库或转换后的文本、Dictionary 对象的主题数、随机状态（如果已设置，则可确保模型的可重复性、块大小或每个训练块中使用的文档数量，以及通过次数——训练期间语料库通过的次数）。通过语料库完成的次数越多，模型就越好。

在步骤 4 中，我们定义了根据模型中主题数量绘制对数困惑度的函数。此函数创建多个模型，每个模型用于 2 到 9 个主题。那么它计算每个模型的对数分支度并绘制它。

在步骤 5 中，我们使用导入的和预定义的函数读取和预处理 BBC 数据集。在步骤 6 中，我们创建 id_dict，一个类似于向量化器的 Dictionary 对象，然后根据它们在 id_dict 对象中的映射，使用它将输入文本映射到词袋（bag of words）。

在步骤 7 中，我们使用五个主题、id 字典和语料库创建模型。当我们在步骤 8 中打印主题时，我们看到这些主题有意义并且大致对应如下：0 代表 tech，1 代表 politics，2 代表 entertainment，3 代表 sports，4 代表 business。

• 还有更多…

现在让我们保存模型并将其应用于新输入：

1. 定义新示例：

```
new_example = """Manchester United players slumped to the
turf
at full-time in Germany on Tuesday in acknowledgement of
what their
latest pedestrian first-half display had cost them. The
3-2 loss at
RB Leipzig means United will not be one of the 16 teams
in the draw
for the knockout stages of the Champions League. And this
is not the
only price for failure. The damage will be felt in the
accounts, in
the dealings they have with current and potentially
future players
and in the faith the fans have placed in manager Ole
Gunnar Solskjaer.
With Paul Pogba's agent angling for a move for his client
and ex-United
defender Phil Neville speaking of a "witchhunt" against
his former team-mate
Solskjaer, BBC Sport looks at the ramifications and
reaction to a big loss for United."""
```

2. 定义将要保存模型和 Dictionary 对象的函数：

```
def save_model(lda, lda_path, id_dict, dict_path):
    lda.save(lda_path)
    id_dict.save(dict_path)
```

3. load_model 函数加载模型和 Dictionary 对象：

```
def load_model(lda_path, dict_path):
    lda = LdaModel.load(lda_path)
    id_dict = corpora.Dictionary.load(dict_path)
    return (lda, id_dict)
```

4. test_new_example 函数对输入进行预处理并使用 LDA 模型预测主题：

```
def test_new_example(lda, id_dict, input_string):
```

```
    input_list = clean_text(input_string)
    bow = id_dict.doc2bow(input_list)
    topics = lda[bow]
    print(topics)
    return topics
```

5. 保存我们的模型和 Dictionary 对象：

```
save_model(lda_model, model_path, id_dict, dict_path)
```

6. 现在让我们使用经过训练的模型对新示例进行预测：

```
test_new_example(lda_model, id_dict, new_example)
```

结果将如下所示：

```
[(0, 0.023436226), (1, 0.036407135), (3, 0.758486), (4,
0.17845567)]
```

预测是一个元组列表，其中每个元组中的第一个元素是主题的编号，第二个元素是该文本属于该特定主题的概率。在这个例子中，我们看到第三个主题是最有可能的，即运动，并且是正确的识别。

6.4 NMF 主题建模

在这个专题中，我们将使用另一种无监督的主题建模技术，NMF。我们还将探索另一种评估技术，主题模型一致性。NMF 主题建模非常快速且内存高效，并且最适用于稀疏语料库。

- **准备**

我们将继续在这个专题中使用 gensim 包。

- **怎么做…**

我们将创建一个 NMF 主题模型并使用一致性度量对其进行评估，该度量衡量人类主题的可解释性。许多用于 NMF 模型的函数与 gensim 包中的 LDA 模型相同。这个专题的步骤如下：

1. 执行必要的导入：

```
import re
import pandas as pd
from gensim.models.nmf import Nmf
from gensim.models import CoherenceModel
import gensim.corpora as corpora
from gensim.utils import simple_preprocess
```

```
import matplotlib.pyplot as plt
from pprint import pprint
from Chapter06.lda_topic_sklearn import stopwords, bbc_
dataset, new_example
from Chapter06.lda_topic_gensim import preprocess, test_
new_example
```

2. create_nmf_model 函数创建并返回模型:

```
def create_nmf_model(id_dict, corpus, num_topics):
    nmf_model = Nmf(corpus=corpus,
                    id2word=id_dict,
                    num_topics=num_topics,
                    random_state=100,
                    chunksize=100,
                    passes=50)
    return nmf_model
```

3. plot_coherence 函数将模型的一致性绘制为主题数量的函数:

```
def plot_coherence(id_dict, corpus, texts):
    num_topics_range = range(2, 10)
    coherences = []
    for num_topics in num_topics_range:
        nmf_model = create_nmf_model(id_dict, corpus,
                                     num_topics)
        coherence_model_nmf = \
        CoherenceModel(model=nmf_model, texts=texts,
                       dictionary=id_dict,
                       coherence='c_v')
        coherences.append(
            coherence_model_nmf.get_coherence())
    plt.plot(num_topics_range, coherences,
             color='blue', marker='o', markersize=5)
    plt.title('Coherence as a function of number of \
              topics')
    plt.xlabel('Number of topics')
    plt.ylabel('Coherence')
    plt.grid()
    plt.show()
```

4. 读取并预处理 BBC 数据集:

```
df = pd.read_csv(bbc_dataset)
df = preprocess(df)
```

5. 创建 Dictionary 对象和语料库：

```
texts = df['text'].values
id_dict = corpora.Dictionary(texts)
corpus = [id_dict.doc2bow(text) for text in texts]
```

6. 设置主题的数量为 5，创建 NMF 模型：

```
number_topics = 5
nmf_model = create_nmf_model(id_dict, corpus,
                             number_topics)
```

7. 打印主题：

```
pprint(nmf_model.print_topics())
```

结果会有所不同，可能如下所示：

```
[(0,
  '0.017*"people" + 0.013*"music" + 0.008*"mobile" +
0.006*"technology" + '
  '0.005*"digital" + 0.005*"phone" + 0.005*"tv" +
0.005*"use" + 0.004*"users" '
  '+ 0.004*"net"'),
 (1,
  '0.017*"labour" + 0.014*"party" + 0.013*"election" +
0.012*"blair" + '
  '0.009*"brown" + 0.008*"government" + 0.008*"people" +
0.007*"minister" + '
  '0.006*"howard" + 0.006*"tax"'),
 (2,
  '0.009*"government" + 0.008*"bn" + 0.007*"new" +
0.006*"year" + '
  '0.004*"company" + 0.003*"uk" + 0.003*"yukos" +
0.003*"last" + 0.003*"state" '
  '+ 0.003*"market"'),
 (3,
  '0.029*"best" + 0.016*"song" + 0.012*"film" +
0.011*"years" + 0.009*"music" '
  '+ 0.009*"last" + 0.009*"awards" + 0.008*"year" +
0.008*"won" + '
  '0.008*"angels"'),
```

```
(4,
 '0.012*"game" + 0.008*"first" + 0.007*"time" +
0.007*"games" + '
 '0.006*"england" + 0.006*"new" + 0.006*"world" +
0.005*"wales" + '
 '0.005*"play" + 0.004*"back"')]
```

8. 现在，让我们将模型一致性绘制为主题数量的函数：

```
plot_coherence(id_dict, corpus, texts)
```

同样，结果可能会有所不同，并且可能如下所示：

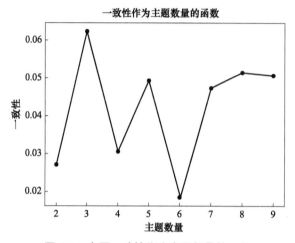

图 6.1　主题一致性作为主题数量的函数

9. 现在让我们测试一个新示例，与我们在之前的专题中使用的关于足球的示例相同：

```
test_new_example(nmf_model, id_dict, new_example)
```

结果如下：

```
[(2, 0.10007018750350244), (4, 0.8999298124964975)]
```

● **它是如何工作的…**

在步骤 1 中，我们导入必要的函数。许多与 LdaModel 对象一起工作的函数与 Nmf 对象的工作方式相同。

在步骤 2 中，我们有 create_nmf_model 函数，它接收文本的语料库，使用 Dictionary 对象、Dictionary 对象本身、主题的数量、确保模型可重复性的随机状态、块大小和通过语料库的次数进行编码。

在步骤 3 中，我们创建了 plot_coherence 函数，它根据模型中的主题数量绘制一致性度量。我们为 2 到 9 个主题创建了一个单独的 NMF 模型并衡量它们的一致性。

在步骤 4 中，我们读取并预处理 BBC 数据集。在步骤 5 中，我们创建 Dictionary 对象并使用它对创建语料库的文本进行编码。在步骤 6 中，我们将主题数设置为 5 并创建 NMF 模型。在步骤 7 中，我们打印主题，这些主题看起来与 LDA 建模的主题非常相似。

在步骤 8 中，我们绘制主题一致性。该图显示了 3、5 和 8 个主题的最佳一致性。主题越多，它们就越细化，因此可能是 8 个主题有意义，它们将 5 个主要主题划分为一致的子主题。

在步骤 9 中，我们用"使用 genism 进行 LDA 主题建模"专题中定义的关于运动的新示例来测试模型，它显示主题 4 是最有可能的，即运动，并且是正确的。

6.5　使用 BERT 进行 K-means 主题建模

在这个专题中，我们将使用 K-means 算法来执行无监督主题分类，使用 BERT 嵌入对数据进行编码。这个专题与来自第 4 章"文本分类"的"使用 K-means 聚类句子：无监督文本分类"专题有很多共同点。

- **准备**

我们将使用 sklearn. cluster. KMeans 对象和 Hugging Face 句子 transformer 进行无监督聚类。要安装句子 transformer，请使用以下命令：

```
conda create -n newenv python=3.6.10 anaconda
conda install pytorch torchvision cudatoolkit=10.2 -c pytorch
pip install transformers
pip install -U sentence-transformers
```

- **怎么做…**

此专题的步骤如下：

1. 执行必要的导入：

```
import re
import string
import pandas as pd
from sklearn.cluster import KMeans
from nltk.probability import FreqDist
from Chapter01.tokenization import tokenize_nltk
from Chapter04.preprocess_bbc_dataset import get_data
from Chapter04.keyword_classification import divide_data
from Chapter04.preprocess_bbc_dataset import get_
stopwords
```

```
from Chapter04.unsupervised_text_classification import
get_most_frequent_words, print_most_common_words_by_
cluster
```

```
from Chapter06.lda_topic_sklearn import stopwords, bbc_
dataset, new_example
```

```
from Chapter06.lda_topic_gensim import preprocess
```

```
from sentence_transformers import SentenceTransformer
```

2. 初始化全局变量并读入停用词：

```
bbc_dataset = "Chapter04/bbc-text.csv"
```

```
stopwords_file_path = "Chapter01/stopwords.csv"
```

```
stopwords = get_stopwords(stopwords_file_path)
```

3. 定义 test_new_example 函数：

```
def test_new_example(km, model, example):
    embedded = model.encode([example])
    topic = km.predict(embedded)[0]
    print(topic)
    return topic
```

4. 读入数据并对其进行预处理：

```
df = pd.read_csv(bbc_dataset)
```

```
df = preprocess(df)
```

```
df['text'] = df['text'].apply(lambda x: " ".join(x))
```

```
documents = df['text'].values
```

5. 读入句子 transformer 模型并使用它对数据进行编码：

```
model = SentenceTransformer('distilbert-base-nli-mean-
tokens')
```

```
encoded_data = model.encode(documents)
```

6. 创建 KMeans 模型并将其拟合到编码数据：

```
km = KMeans(n_clusters=5, random_state=0)
```

```
km.fit(encoded_data)
```

7. 按聚类打印最常用的词：

```
print_most_common_words_by_cluster(documents, km, 5)
```

结果如下：

```
0
```

```
['people', 'new', 'mobile', 'technology', 'music',
'users', 'year', 'digital', 'use', 'make', 'get',
'phone', 'net', 'uk', 'games', 'software', 'time', 'tv',
…]
```

```
1

['government', 'people', 'labour', 'new', 'election',
'party', 'told', 'blair', 'year', 'minister', 'last',
'bn', 'uk', 'public', 'brown', 'time', 'bbc', 'say',
'plans', 'company', …]

2

['year', 'bn', 'growth', 'economy', 'sales', 'economic',
'market', 'prices', 'last', 'bank', 'government', 'new',
'rise', 'dollar', 'figures', 'uk', 'rate', 'years', …]

3

['film', 'best', 'year', 'music', 'new', 'awards',
'first', 'show', 'top', 'award', 'won', 'number', 'last',
'years', 'uk', 'star', 'director', 'world', 'time',
'band', 'three', …]

4

['first', 'year', 'game', 'england', 'win', 'time',
'last', 'world', 'back', 'play', 'new', 'cup', 'team',
'players', 'final', 'wales', 'side', 'ireland', 'good',
'half', 'match', …]
```

8. 现在我们可以使用模型测试新的运动示例：

```
test_new_example(km, model, new_example)
```

输出如下：

```
4
```

● 它是如何工作的…

在步骤 1 中，我们导入必要的包和函数。我们重新使用了第 4 章 "文本分类" 中的几个函数，以及本章之前的专题。在步骤 2 中，我们初始化数据集的路径并获取停用词。

在步骤 3 中，我们定义了 test_new_example 函数，它与之前专题中的 test_new_example 函数非常相似，唯一的区别是数据的编码。我们使用句子 transformer 模型来编码数据，然后使用 Kmeans 模型来预测它所属的主题。

在步骤 4 中，我们读入数据并对其进行预处理。preprocess 函数对文本进行标记，将其转换为小写，并删除停用词。然后我们加入单词数组，因为句子 transformer 模型将字符串作为输入。

我们读入句子 transformer 模型，并在步骤 5 中使用它对文档进行编码。然后，我们读入基于 DistilBERT 的模型，该模型比常规模型小。

在步骤 6 中，我们创建了 KMeans 模型，用五个聚类和一个随机状态对其进行初始化，以实现模型的可重复性。

在步骤 7 中，我们按聚类打印最常用的单词，其中聚类 0 是 tech，聚类 1 是 politics，聚类 2 是 business，聚类 3 是 entertainment，聚类 4 是 sports。

在步骤 8 中，我们使用体育示例测试模型，它正确返回聚类 4。一致性是使用每对单词之间的逐点互信息计算的，然后在所有单词对之间进行平均。逐点互信息计算两个单词同时出现的巧合程度。请在 https://svn. aksw. org/papers/2015/WSDM_Topic_Evaluation/public. pdf 查看更多信息。

6.6 短文本主题建模

在这个专题中，我们将使用 Yelp 评论。这些评论来自我们在第 3 章 "表示文本——捕获语义" 中使用的同一数据集。我们会将评论分解为句子并使用 gsdmm 包对它们进行聚类。由此产生的聚类应该是关于相似方面和体验的，虽然许多评论是关于餐馆的，但也有其他评论，比如与美甲沙龙评级有关的评论。

- **准备**

要安装 gsdmm 包，您需要创建一个新文件夹，然后从 GitHub 下载压缩代码（https://github. com/rwalk/gsdmm）或者使用以下命令将其克隆到创建的文件夹中：

```
git clone https://github.com/rwalk/gsdmm.git
```
然后，在安装包的文件夹中运行安装脚本：

```
python setup.py install
```

- **怎么做…**

在这个专题中，我们将加载数据，将其划分为句子，对其进行预处理，然后使用 gsdmm 模型将句子聚类为主题。此专题的步骤如下：

1. 执行必要的导入：

```
import nltk
import numpy as np
import string
from gsdmm import MovieGroupProcess
from Chapter03.phrases import get_yelp_reviews
from Chapter04.preprocess_bbc_dataset import get_
stopwordss
```

2. 定义全局变量并加载停用词：

```
tokenizer = \
nltk.data.load("tokenizers/punkt/english.pickle")
yelp_reviews_file = "Chapter03/yelp-dataset/review.json"
stopwords_file_path = "Chapter06/reviews_stopwords.csv"
```

```
stopwords = get_stopwords(stopwords_file_path)
```

3. 预处理函数清理文本：

```
def preprocess(text):
    sentences = tokenizer.tokenize(text)
    sentences = [nltk.tokenize.word_tokenize(sentence)
                 for sentence in sentences]
    sentences = [list(set(word_list)) for word_list in
                 sentences]
    sentences=[[word for word in word_list if word not
                 in stopwords and word not in
                 string.punctuation]
                 for word_list in sentences]
    return sentences
```

4. top_words_by_cluster 函数按聚类打印出排名靠前的单词：

```
def top_words(mgp, top_clusters, num_words):
    for cluster in top_clusters:
        sort_dicts = \
        sorted(mgp.cluster_word_distribution[cluster].\
               items(), key=lambda k: k[1],
               reverse=True)[:num_words]
        print(f'Cluster {cluster}: {sort_dicts}')
```

5. 现在我们读入评论并对其进行预处理：

```
reviews = get_yelp_reviews(yelp_reviews_file)
sentences = preprocess(reviews)
```

6. 然后我们计算这些句子包含的词汇的长度，因为这是 GSDMM 模型的必要输入：

```
vocab = set(word for sentence in sentences for word in
            sentence)
n_terms = len(vocab)
```

7. 现在我们可以创建模型并将其拟合到数据中：

```
mgp = MovieGroupProcess(K=25, alpha=0.1, beta=0.1,
                        n_iters=30)
mgp.fit(sentences, n_terms)
```

8. 现在我们从模型中获得前 15 个主题：

```
doc_count = np.array(mgp.cluster_doc_count)
top_clusters = doc_count.argsort()[-15:][::-1]
```

9. 我们可以使用前面的 top_words_by_cluster 函数来打印每个主题最重要的单词：

```
top_words_by_cluster(mgp, top_clusters, 10)
```

部分结果将显示如下：

```
Cluster 6: [('chicken', 1136), ('ordered', 1078),
('sauce', 1073), ('cheese', 863), ('salad', 747),
('delicious', 680), ('fries', 539), ('fresh', 522),
('meat', 466), ('flavor', 465)]

Cluster 4: [('order', 688), ('wait', 626), ('table',
526), ('service', 493), ('people', 413), ('asked', 412),
('server', 342), ('told', 339), ('night', 328), ('long',
316)]

Cluster 5: [('menu', 796), ('prices', 400), ('price',
378), ('service', 355), ('selection', 319), ('quality',
301), ('beer', 289), ('delicious', 277), ('options',
274), ('items', 272)]

Cluster 24: [('room', 456), ('area', 425), ('bar',
419), ('people', 319), ('small', 314), ('restaurant',
312), ('clean', 291), ('tables', 283), ('seating', 268),
('inside', 262)]

Cluster 9: [('service', 1259), ('friendly', 1072),
('staff', 967), ('helpful', 317), ('customer', 310),
('attentive', 250), ('experience', 236), ('server', 210),
('clean', 208), ('people', 166)]

Cluster 3: [('chocolate', 387), ('cream', 339), ('ice',
300), ('tea', 258), ('cake', 219), ('sweet', 212),
('dessert', 186), ('coffee', 176), ('delicious', 176),
('ordered', 175)]

Cluster 18: [('hair', 168), ('nails', 66), ('cut', 60),
('work', 53), ('told', 51), ('massage', 46), ('pain',
46), ('job', 45), ('nail', 43), ('felt', 38)]

…
```

● 它是如何工作的⋯

在步骤 1 中，我们导入必要的包和函数。在步骤 2 中，我们定义全局变量并读入停用词。这个专题中使用的停用词与其他专题不同，因为它们包含许多评论常见的词，例如good、great 和 nice。这些形容词和副词在评论中很常见，不携带主题信息，聚类模型经常围绕它们创建主题。

在步骤 3 中，我们定义了预处理函数。该函数首先将文本拆分为句子，将句子标记为单词，并从单词列表中删除重复项。GSDMM 模型需要删除重复项，因为它需要文本中出现的唯一标记列表。然后预处理函数删除停用词和单词列表中的标点符号。

在步骤 4 中，我们定义了 top_words_by_cluster 函数，它打印出每个聚类中出现频率最高的单词。它按频率对每个聚类中的单词进行排序，并打印出（单词频率的）元组。每个聚类打印的单词数由 num_words 参数确定。

在步骤 5 中，我们读入评论并使用步骤 3 中定义的 preprocess 函数对其进行预处理。

在步骤 6 中，我们通过将单词列表转换为集合来获得评论句子中所有唯一单词的集合，然后我们将这些单词的计数分配给 n_terms 变量，以便稍后在创建模型时使用。

在步骤 7 中，我们创建 GSDMM 模型。K 参数是聚类数的上限，因为算法确定小于或等于该数的聚类数。alpha 参数控制创建新聚类的概率，而 beta 参数定义新文本的聚类方式。如果 beta 的值越接近 0，则文本将更多地根据相似度进行聚类；而如果它更接近 1，则聚类将更多地基于文本的频率。n_iters 参数确定算法通过语料库的次数。

在步骤 8 中，我们按主题获取文档数量，然后创建 15 个最受欢迎的主题列表。接着，我们在步骤 9 中使用此列表来获取每个聚类中 10 个最常见的单词。

聚类的结果对许多聚类都是有意义的。在前面的结果中，第 6 组是关于食物的，第 4 组和第 9 组是关于服务的，第 5 组是关于可用选择的，第 24 组是关于气氛的，第 3 组是关于甜点的，第 18 组是关于美发沙龙和美甲沙龙的。

● 请参阅

gsdmm 包基于 Yin 和 Wang 的一篇文章，"A dirichlet multinomial mixture model-based approach for short text clustering"，可以在 https://www.semanticscholar.org/paper/A-dirichlet-multi-nomial-mixture-model-based-for-Yin-Wang/d03ca28403da15e75bc3e90c21eab44031257e80？p2df 中找到。

第 7 章
构建聊天机器人

在本章中，我们将使用两个不同的框架构建聊天机器人，nltk.chat 包和 Rasa 框架。第一个专题讨论了 nltk.chat 包，我们在其中构建了一个简单的关键字匹配聊天机器人，本章的其余部分将专门介绍 Rasa。**Rasa** 是一个复杂的框架，它允许创建非常复杂的聊天机器人，我们将对其进行基本介绍。我们将使用 Rasa 构建一个默认机器人，然后将对其进行修改以进行简单的交互。

以下是本章专题的列表：
- 使用关键字匹配构建一个基本的聊天机器人
- 构建一个基本的 Rasa 聊天机器人
- 使用 Rasa 创建问答对
- 使用 Rasa 创建和可视化对话路径
- 为 Rasa 聊天机器人创建操作

7.1 技术要求

在本章中，我们将为聊天机器人使用两个不同的包；一个是 nltk.chat，另一个是 Rasa 框架。要安装这些软件包，请使用以下命令：

```
pip install nltk
pip install rasa
```

7.2 使用关键字匹配构建一个基本的聊天机器人

在这个专题中，我们将构建一个非常基本的聊天机器人，它使用关键字来匹配查询和回应。这是基于 NLTK Chat 类的。

- **准备**

我们将首先创建一个新的聊天类并使用成对的响应对其进行初始化。然后，我们将在命令行上运行它。如果您还没有，则需要安装 nltk 包：

```
pip install nltk
```

● 怎么做…

我们将使用 NLTK 聊天框架来创建一个简单的聊天机器人。首先，我们将创建问答对，然后创建 Chat 对象。接下来我们将使用它与机器人对话：

1. 引用必要的库

```
from nltk.chat.util import Chat, reflections
```

2. 初始化会话对：

```
pairs = [[r".*hi|hello|hey|what's up.*",
          ["Hello, I am a simple chatbot. How are you?"]],
         [r'.*(how are you|and you).*',
          ["Doing well, thank you.",
           "I'm ok, what's new?"]],
         [r"quit",
          ["Bye, nice talking to you!",
           "Talk to you later!"]],
         [r".*weather|rain|snow|sun.*",
          ["Isn't it nice out today?",
           "Hopefully, tomorrow the weather will get
             better.",
           "I don't know about you, but I am glad I am \
             inside today."]],
         [r"I like (.*)",
          ["Why do you like %1?",
           "What about %1 do you like?"]],
         [r".*(tasty).*", ["Yeah, I think so too."]],
         [r".*",
          ["I am sorry, I don't understand. \
            I am a very simple chatbot!"]]
        ]
```

3. 创建一个新的聊天机器人：

```
chatbot = Chat(pairs, reflections)
```

4. 使用 chatbot 的 converse 函数进行对话：

```
chatbot.converse()
```

它可能是这样的，其中以>开头的行是用户输入：

```
>hello
Bot: Hello, I am a simple chatbot. How are you?
>Good, and you?
Bot: I'm ok, what's new?
>I like pizza
Bot: What about pizza do you like?
>It's tasty.
Bot: Yeah, I think so too.
>Do you speak other languages?
Bot: I am sorry, I don't understand. I am a very simple
chatbot!
>quit
Bot: Bye, nice talking to you!
```

● 它是如何工作的…

在步骤 1 中，我们导入 Chat 类和 reflections 字典。这个字典将第一人称短语映射到其对应的第二人称表达。例如，它将"I am"映射到"you are"。

在步骤 2 中，我们为聊天机器人创建查询-响应对。变量是一个列表的列表。每个子列表都有两个元素：第一个是我们用来匹配用户输入的正则表达式，第二个是可能响应的列表，其中响应是随机选择的。正则表达式会包括可以在响应中引用的组，如［r"I like(.＊)",［"Why do you like %1?","What about %1 do you like?"］］列表。响应中的%1 元素是指输入中的（.＊）组。如果您有多个组，则可以通过数字引用它们，如%2、%3 等。我们还包括一个带有 .＊输入正则表达式的列表，其中该行"I am sorry, I don't understand. I am a very simple chatbot!"作为响应。这个正则表达式将匹配任何东西，但只有在它尝试其他表达式之后，所以当我们真的不知道该说什么时，这是默认选项。

在步骤 3 中，我们使用 reflections 字典和查询响应对初始化聊天机器人。在步骤 4 中，我们使用 converse 函数开始对话。我们看到它与我们指定的输入相匹配，并询问我们是否喜欢披萨。当它没有输入"Do you speak other languages?"的条目时，它也会使用默认响应。

● 还有更多…

NLTK 已经创建了其他聊天机器人：eliza＿chat、iesha＿chat、rude＿chat、suntsu＿chat、zen_chat。例如，您可以按如下方式尝试 ELIZA 机器人：

1. 引用必要的库：

```
from nltk.chat.eliza import eliza_chat
```

2. 初始化会话对：

```
eliza_chat()
```

输出可能如下所示：

```
Therapist
---------
Talk to the program by typing in plain English, using
normal upper-
and lower-case letters and punctuation.  Enter "quit"
when done.

===============================================================
===============
Bot: Hello.  How are you feeling today?
>Good
Bot: Very interesting.
>I like pizza
Bot: How does that make you feel?
>Hungry
Bot: How does that make you feel?
>quit
Thank you, that will be $150.  Have a good day!
```

阅读更多关于 ELIZA 聊天机器人的信息，请访问 https://en. wikipedia. org/wiki/ELIZA。

7.3 构建一个基本的 Rasa 聊天机器人

在这个专题中，我们将使用一个流行的聊天机器人框架 Rasa 来构建一个默认的聊天机器人。在接下来的专题中，我们将使聊天机器人变得更好。

Rasa 是一个用于构建聊天机器人的开源深度学习框架。它使用 Keras 和 Tensorflow 来实现模型。阅读有关实现的更多信息，请访问 https://blog. tensorflow. org/2020/12/how-rasa-open-source-gained-layers-of-flexibility-with-tensorflow-2x. html。

● **准备**

我们将初始化 Rasa 框架并使用它来构建和初始化一个默认的 Rasa 聊天机器人，然后我们将探索它的结构。如果您还没有，请安装 rasa 包：

```
pip install rasa
```

● **怎么做…**

安装 Rasa 包后，可以通过 Rasa 界面使用新命令。我们将使用它们来创建默认的聊天机器人。此专题的步骤如下：

1. 在命令行中输入：

```
rasa init
```

Rasa 将启动并产生一些彩色输出。之后，它会询问您要在其中创建新聊天机器人的路径。程序输出可能如下所示：

```
2020-12-20 21:01:02.764647: I tensorflow/stream_executor/
platform/default/dso_loader.cc:48] Successfully opened
dynamic library cudart64_101.dll


| Rasa Open Source reports anonymous usage telemetry to
help improve the product |
| for all its users.

||

| If you'd like to opt-out, you can use `rasa telemetry
disable`.                      |
| To learn more, check out https://rasa.com/docs/rasa/
telemetry/telemetry.         |


...
Welcome to Rasa! 🐀

To get started quickly, an initial project will be
created.
If you need some help, check out the documentation at
https://rasa.com/docs/rasa.
Now let's start! 👇


? Please enter a path where the project will be created
[default: current directory]
```

2. 输入路径并按 Enter 键：

```
./Chapter07/rasa_bot
```

3. 如果路径不存在，Rasa 会询问是否需要创建：

```
? Path './Chapter07/rasa_bot' does not exist 😯. Create
path?
```

4. 回答 Yes，然后程序会询问您是否要训练初始模型：

```
Created project directory at 'C:\Users\zhenya\Documents\
```

```
Zhenya\consulting\book\code\python-natural-language-
processing--cookbook\Chapter07\rasa_bot'.
```

```
Finished creating project structure.
```

```
? Do you want to train an initial model? 👆   Yes
```

5. 模型将会训练，Rasa 会问您是否想与机器人交互；回答 Yes：

```
? Do you want to speak to the trained assistant on the
command line?   Yes
```

```
2020-12-21 07:20:53 INFO      rasa.model  - Loading model
Chapter07\rasa_bot\models\20201221-071928.tar.gz...
```

```
2020-12-21 07:20:55 INFO      root  - Starting Rasa server
on http://localhost:5005
```

```
2020-12-21 07:20:55 INFO      rasa.model  - Loading model
Chapter07\rasa_bot\models\20201221-071928.tar.gz...
```

```
2020-12-21 07:21:03 INFO      root  - Rasa server is up
and running.
```

```
Bot loaded. Type a message and press enter (use '/stop'
to exit):
```

我们的对话可能是这样的：

```
Your input -> Hello
```

```
Hey! How are you?
```

```
Your input -> Good, and you?
```

```
Bye
```

```
Your input -> wow
```

```
Great, carry on!
```

```
Your input -> where are you located?
```

```
I am a bot, powered by Rasa.
```

```
Your input -> where do you live?
```

```
Hey! How are you?
```

```
Your input -> /stop
```

6. 一旦我们输入/stop，程序将停止执行并返回到命令行。要再次启动聊天机器人，请将工作目录更改为 bot 路径并再次启动它：

```
cd Chapter07
```

```
cd rasa_bot
```

```
rasa shell
```

它将再次加载：

```
…
```

```
Bot loaded. Type a message and press enter (use '/stop'
to exit):
```

● 它是如何工作的…

在步骤 1 中，我们初始化 Rasa。此命令用于创建一个新的聊天机器人项目。在最后一行，Rasa 询问我们项目文件的位置。在步骤 2 中，我们输入一个路径，提供了一个示例路径，但您可以使用任何您喜欢的路径。路径规范应该遵循 Unix 格式，因此路径中的点表示当前目录。

在步骤 3 中，Rasa 询问我们是否需要创建目录。在步骤 4 中，在我们回答"Yes"之后，Rasa 会创建必要的目录，然后询问我们是否想要训练一个初始模型。

在步骤 5 中，Rasa 询问我们是否想与受过训练的助手进行交互。在我们回答"Yes"之后，我们尝试不同的输入来查看机器人知道什么以及它如何回答。我们看到，此时它几乎可以识别问候。在下一个专题中，我们将添加更多它能够处理的话语。

在步骤 6 中，我们停止机器人。然后我们切换到 bot 目录并再次启动它。

● 还有更多…

现在让我们看一下项目的文件结构（见图 7.1）：

在顶层，两个最重要的文件是 config. yml 和 domain. yml。配置文件指定应该如何创建和训练聊天机器人，以及 domain. yml 文件列出了它可以处理的可能意图和它应该为这些意图提供哪些响应。例如，有一个 greet 意图，对此的响应是"Hey! How are you?"。我们可以修改这个文件来创建我们自己的自定义意图和对这些意图的自定义响应。

除了 config. yml 和 domain. yml 文件之外，在数据目录还有一些重要的文件（见图 7.2）：

图 7.1　项目的文件结构　　　　图 7.2　数据目录中的文件

nlu. yml 文件包含每个意图的示例输入。rules. yml 文件指定什么时候应该说什么。例如，它将再见响应与用户的再见意图配对。最后，stories. yml 文件定义了在与用户交互期间可能发生的对话路径。

- **请参阅**

Rasa 有很好的文档，可以在 https://rasa.com/docs/ 中找到。

即使是这个简单的机器人也可以连接到不同的渠道，例如您的网站、社交网络、Slack、Telegram 等。请参阅 https://rasa.com/docs/rasa/connectors/your-own-website 上有关如何执行此操作的 Rasa 文档。

7.4　使用 Rasa 创建问答对

现在我们将在上一个专题中构建的简单聊天机器人的基础上，创建新的对话对。我们的机器人将为业务回答简单的常见问题，例如有关工作时间、地址等问题。

- **准备**

我们将继续使用在上一个专题中创建的机器人。请按照那里指定的安装说明进行操作。

- **怎么做…**

为了创建新的问答对，我们将修改以下文件：domain.yml、nlu.yml 和 rules.yml。步骤如下：

1. 打开 domain.yml 文件并在名为 intents 的部分中，添加一个名为 hours 的意图。该部分现在应如下所示：

```
intents:
  - greet
  - goodbye
  - affirm
  - deny
  - mood_great
  - mood_unhappy
  - bot_challenge
  - hours
```

2. 现在我们为一个关于工作时间的问题创建一个新的回答。编辑名为 responses 的部分并添加一个名为 utter_hours 的包含文本 "Our hours are Monday to Friday 9 am to 8 pm EST" 的响应。responses 部分现在应如下所示：

```
responses:
utter_greet:
  - text: "Hey! How are you?"
```

```
utter_cheer_up:
  - text: "Here is something to cheer you up:"
    image: "https://i.imgur.com/nGF1K8f.jpg"

utter_did_that_help:
  - text: "Did that help you?"

utter_happy:
  - text: "Great, carry on!"

utter_goodbye:
  - text: "Bye"

utter_iamabot:
  - text: "I am a bot, powered by Rasa."

utter_hours:
  - text: "Our hours are Monday to Friday 9 am to 8 pm
EST."
```

3. 现在我们添加用户可能的话语。打开 data 文件夹中的 nlu. yml 文件并在 nlu 下添加一个部分，其中意图是 hours，并且有一些用户可能如何查询工作时间的示例。它应该看起来像这样（随意添加更多示例）：

```
- intent: hours
  examples: |
    - what are your hours?
    - when are you open?
    - are you open right now?
    - hours
    - open
    - are you open today?
    - are you open
```

4. 我们还可以使用正则表达式来表达包含某些单词的话语：

```
- regex: hours
  examples: |
    - \bopen\b
```

5. 现在我们添加一个规则，以确保机器人在被问及它们时会回答工作时间。打开 data 文件夹中的 rules.yml 文件并添加一条新规则：

```
- rule: Say hours when asked about hours
  steps:
  - intent: hours
  - action: utter_hours
```

6. 现在我们重新训练模型。在命令行中，输入以下内容：

```
rasa train
```

7. 我们现在可以测试聊天机器人了。在命令行中输入以下内容：

```
rasa shell
```

对话可能是这样的：

```
Bot loaded. Type a message and press enter (use '/stop'
to exit):
Your input ->  hello
Hey! How are you?
Your input ->  what are your hours?
Our hours are Monday to Friday 9 am to 8 pm EST.
Your input ->  thanks, bye
Bye
Your input ->  /stop
2020-12-24 12:43:08 INFO     root  - Killing Sanic server
now.
```

● 它是如何工作的…

在步骤 1 中，我们添加了一个额外的意图、工作时间和一个响应，这些响应将按照用户的话语分类为这个意图。在步骤 2 中，我们添加对该意图的响应。

在步骤 3 中，我们添加了用户可能询问工作时间的方式。在步骤 5 中，我们通过添加一个规则来连接用户的查询和机器人的响应，以确保针对 hours 意图给出 utter_hours 响应。

在步骤 6 中，我们重新训练模型。在步骤 7 中，我们启动重新训练的聊天机器人。正如我们从对话中看到的那样，机器人正确回答了 hours 查询。

7.5　使用 Rasa 创建和可视化对话路径

我们现在将升级我们的机器人来创建以问候开始和结束的对话路径，并将回答用户关于工作时间和地址的问题。

- **准备**

在这个专题中，我们继续使用我们在"构建一个基本的 Rasa 聊天机器人"专题中创建的聊天机器人。请参阅该专题以获取安装信息。

- **怎么做…**

我们将添加新的意图和新的回复，并创建一个可以可视化的对话路径。步骤如下：

1. 我们首先编辑 domain.yml 文件。我们将首先添加两个意图，address 和 thanks。意图部分现在应如下所示：

```yaml
intents:
  - greet
  - goodbye
  - affirm
  - deny
  - mood_great
  - mood_unhappy
  - bot_challenge
  - hours
  - address
  - thanks
```

2. 现在我们添加三个新的聊天机器人话语到 responses 部分，所以它看起来像这样：

```yaml
responses:
utter_greet:
  - text: "Hey! How are you?"

utter_cheer_up:
  - text: "Here is something to cheer you up:"
    image: "https://i.imgur.com/nGF1K8f.jpg"

utter_did_that_help:
  - text: "Did that help you?"

utter_happy:
  - text: "Great, carry on!"

utter_goodbye:
```

```
    - text: "Bye"


utter_iamabot:
    - text: "I am a bot, powered by Rasa."


utter_hours:
    - text: "Our hours are Monday to Friday 9 am to 8 pm
EST."


utter_address:
    - text: "Our address is 123 Elf Road North Pole,
88888."


utter_help:
    - text: "Is there anything else I can help you with?"


utter_welcome:
    - text: "You're welcome!"
```

3. 在 data 文件夹的 nlu. yml 文件中，我们将添加 address 和 thanks 意图的可能用户话语：

```
- intent: address
  examples: |
    - what is your address?
    - where are you located?
    - how can I find you?
    - where are you?
    - what's your address
    - address


- intent: thanks
  examples: |
    - thanks!
    - thank you!
    - thank you very much
    - I appreciate it
```

4. 现在我们为可能的场景创建故事。第一个场景将让用户先询问工作时间，然后再询问地址，另一个故事将让用户先询问地址，然后再询问工作时间。在 stories. yml 文件中，输入两个故事：

```
- story: hours address 1
  steps:
  - intent: greet
  - action: utter_greet
  - intent: hours
  - action: utter_hours
  - action: utter_help
  - or:
    - intent: thanks
    - intent: goodbye
  - action: utter_goodbye

- story: hours address 2
  steps:
  - intent: greet
  - action: utter_greet
  - intent: address
  - action: utter_address
  - action: utter_help
  - intent: hours
  - action: utter_hours
  - intent: thanks
  - action: utter_welcome
  - intent: goodbye
  - action: utter_goodbye
```

5. 现在我们训练模型并启动机器人：

```
rasa train
rasa shell
```

我们的对话可能是这样的：

```
Your input -> hello
Hey! How are you?
Your input -> what is your address?
Our address is 123 Elf Road North Pole, 88888.
Is there anything else I can help you with?
Your input -> when are you open?
Our hours are Monday to Friday 9 am to 8 pm EST.
Your input -> thanks
```

```
You're welcome!
Your input ->  bye
Bye
Your input ->  /stop
```

6. 我们可以将这个机器人的所有故事可视化。为此，请输入以下命令：

```
rasa visualize
```

该程序将创建图形并在浏览器中打开它。它看起来像这样（见图 7.3）：

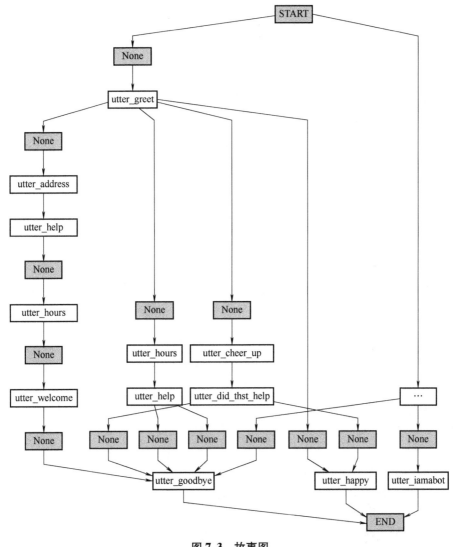

图 7.3　故事图

183

- **它是如何工作的…**

在步骤 1 中，我们向聊天机器人添加新的意图。在步骤 2 中，我们向这些意图添加响应。在步骤 3 中，我们为步骤 1 中添加的每个意图添加可能的用户话语。

在步骤 4 中，我们创建可能出现的故事。在第一个故事中，用户向机器人打招呼并询问工作时间。之后，可能会出现两个意图之一：thanks 或 goodbye，由 or 语句处理。在第二个故事中，用户首先询问地址，然后询问工作时间。

在步骤 5 中，我们训练新模型并加载聊天机器人。示例中的对话遵循第二个故事。

在步骤 6 中，我们创建了所有聊天机器人故事的可视化图表，包括预定义的故事。您会看到所有三个故事都以问候开始并从那里继续。还有一条规则，在任何故事中都没有，那就是用 utter_iamabot 响应用户的 bot_challenge 意图。

7.6 为 Rasa 聊天机器人创建操作

在这个专题中，我们将添加一个自定义操作并按姓名问候用户。

- **准备**

为了创建自定义操作，我们需要安装 rasa_core_sdk 包：

```
pip install rasa_core_sdk
```

- **怎么做…**

我们将首先编辑配置文件，添加必要的信息。然后，我们将编辑 actions.py 文件，该文件对必要的操作进行编程。接下来我们将开始 actions 服务器并测试聊天机器人：

1. 首先，在 domain.yml 文件中，添加一个名为 inform 的特殊意图，它可能包含实体。该部分现在将如下所示：

```
intents:
  - greet
  - goodbye
  - affirm
  - deny
  - mood_great
  - mood_unhappy
  - bot_challenge
  - hours
  - address
  - thanks
```

```
   - inform
```

2. 在同一个文件中，添加一个名为 entities 的新部分，其中 name 是实体：

```
entities:
   - name
```

3. 添加一个新的聊天机器人话语，将询问有关用户姓名的问题：

```
responses:
…
utter_welcome:
   - text: "You're welcome!"


utter_ask_name:
   - text: "What's your name?"
```

4. 接下来，在同一个文件 domain. yml 中添加一个名为 actions 的部分，其中动作将是 action_save_name：

```
actions:
   - action_save_name
```

5. 接下来，在 nlu. yml 文件中，为 inform 意图添加一些示例：

```
- intent: inform
  examples: |
     - my name is [Zhenya](name)
     - [Philip](name)
     - [Michelle](name)
     - [Mike](name)
     - I'm [Helen](name)
```

6. 在 stories. yml 文件中，在问候之后每个故事中添加以下内容：

```
   - action: utter_ask_name
   - intent: inform
     entities:
       - name: "name"
   - action: action_save_name
```

我们的 FAQ 故事现在看起来像这样：

```
- story: hours address 2
  steps:
   - intent: greet
   - action: utter_greet
```

```
      - action: utter_ask_name
      - intent: inform
        entities:
        - name: "name"
      - action: action_save_name
      - intent: address
      - action: utter_address
      - action: utter_help
      - intent: hours
      - action: utter_hours
      - intent: thanks
      - action: utter_welcome
      - intent: goodbye
      - action: utter_goodbye
```

7. 现在打开 endpoints. yml 文件并添加或取消注释以下两行：

```
action_endpoint:
  url: "http://localhost:5055/webhook"
```

8. 现在我们编辑 actions. py 文件并添加我们的自定义操作。打开 actions. py 文件，该文件位于您的机器人的 actions 文件夹中。添加以下代码：

```
from typing import Any, Text, Dict, List

from rasa_sdk import Action, Tracker
from rasa_sdk.executor import CollectingDispatcher


class ActionSaveName(Action):

    def name(self) -> Text:
        return "action_save_name"

    def run(self, dispatcher: CollectingDispatcher,
            tracker: Tracker,
            domain: Dict[Text, Any]) -> List[Dict[Text,
                                              Any]]:
        name = \
            next(tracker.get_latest_entity_values("name"))
```

```
dispatcher.utter_message(text=f"Hello, {name}!")
```

```
        return []
```

9. 现在打开一个新终端，激活安装 Rasa 的自定义环境，并运行 actions 端点。这将启动 Rasa actions 服务器：

rasa run actions

10. 现在在与步骤 8 不同的终端窗口中训练您的新模型：

rasa train

11. 现在我们可以测试机器人：

rasa shell

对话可能是这样的：

```
Your input ->  hello
Hey! How are you?
What's your name?
Your input ->Zhenya
Hello, Zhenya!
Your input ->  where are you located?
Our address is 123 Elf Road North Pole, 88888.
Is there anything else I can help you with?
Your input ->  what are your hours?
Our hours are Monday to Friday 9 am to 8 pm EST.
Your input ->  bye
Bye
```

● 它是如何工作的…

在步骤 1 中，我们将 inform 意图添加到可能的意图列表中。在步骤 2 中，我们添加一个将被识别的实体，name。在步骤 3 中，我们添加一个询问用户姓名的新语句。在步骤 4 中，我们添加了一个新操作，当用户回答问题时将触发该操作。

在步骤 5 中，我们为 inform 意图添加示例用户输入。您会注意到名称列在括号中，实体类型 name 列在名称后面的方括号中。实体名称应与我们在步骤 2 domain.yml 文件中列出的名称相同。

在步骤 6 中，我们添加一个片段，询问用户的姓名并触发 action_save_name 到每个故事。操作名称应与步骤 4 中的 domain.yml 文件中定义的名称相同。您会注意到，在 inform 意图之后，我们还列出了应该从用户响应中解析的实体，在本例中为 name。

在步骤 7 中，我们取消注释那些告诉 Rasa 聊天机器人在哪里查找操作服务器的行，我们将在步骤 9 中启动该操作服务器。

在步骤 8 中，我们定义了 ActionSaveName 类，它定义了当操作被触发时应该发生什么。每个操作都需要一个类，该类是 Action 类的子类，并且覆盖了两个方法，name 和 run。name 方法定义了类名，该名称应该与我们在步骤 4 中的 domain. yml 文件中定义的名称相同。run 方法定义了触发动作后应采取的动作。它有几个参数，包括 tracker 和 dispatcher。tracker 对象是聊天机器人的内存，使我们可以访问解析的实体和其他信息。dispatcher 对象生成回复并将回复发送回用户。我们从跟踪器获取用户名并发送"Hello, {name}!"的回复。

在步骤 9 中，我们启动 actions 服务器，它将在机器人执行期间被访问。它应该在与运行聊天机器人的不同的终端窗口中启动。

在步骤 10 中，我们训练机器人模型，并在步骤 11 中启动它。在对话中，我们现在询问用户他们的姓名并相应地向他们打招呼。

● 请参阅

除了解析实体之外，还可以解析出填充某些位置的信息，例如，提供航班信息的机器人中的出发城市和目的地城市。此信息可用于查找并向用户提供相关答案。有关说明请参阅 Rasa 文档：https://rasa. com/docs/rasa/forms。

第8章
可视化文本数据

在本章中，我们将创建不同类型的可视化。我们将可视化依存句法，它将显示一个句子中单词之间的语法关系。然后，我们将使用条形图可视化文本中不同类型的动词。之后，我们将研究在文本中可视化命名实体。接下来，我们将从文本语料库创建词云，最后，我们将可视化使用潜狄利克雷分布（LDA）模型创建的主题。

以下是您将在本章中找到的专题：

- 可视化依存句法
- 可视化词性
- 可视化 NER
- 构建词云
- 可视化主题

8.1　技术要求

我们将在本章中使用以下包：spacy、matplotlib、wordcloud 和 pyldavis。要安装它们，请使用以下命令：

```
pip install spacy
pip install matplotlib
pip install wordcloud
pip install pyldavis
```

8.2　可视化依存句法

在这个专题中，我们将学习如何使用 displaCy 库并可视化依存句法。有关如何创建依存句法的详细信息，请参见"2.3　获取依存句法"。我们将创建两个可视化，一个用于短文本，另一个用于长的多句子文本。

● 准备

displaCy 库是 spaCy 包的一部分。您至少需要 spaCy 包的 2.0.12 版本。如果您没有 spaCy，请使用以下命令安装它：

```
pip install spacy
```

要检查您拥有的版本，请使用以下命令：

```
>>> import spacy
>>> print(spacy.__version__)
2.3.0
>>> exit()
```

如果您的版本低于 2.0.12，请使用以下命令升级 spaCy：

```
pip install -U spacy
```

要验证您计算机上的模型是否与新版本的 spaCy 兼容，请使用以下命令：

```
python -m spacy validate
```

● 怎么做⋯

为了可视化依存句法，我们将创建 visualize 函数，该函数将使用 displacy 显示依存句法，首先是短文本，然后是长文本。我们将能够设置不同的显示选项：

1. 导入必要的包：

```
import spacy
from spacy import displacy
from pathlib import Path
```

2. 加载 spacy 引擎：

```
nlp = spacy.load('en_core_web_sm')
```

3. 定义 visualize 函数，它将创建依存句法可视化：

```
def visualize(doc, is_list=False):
    options = {"add_lemma": True,
               "compact": True,
               "color": "green",
               "collapse_punct": True,
               "arrow_spacing": 20,
               "bg": "#FFFFE6",
               "font": "Times",
               "distance": 120}
    if (is_list):
```

```
          displacy.serve(list(doc.sents), style='dep',
                      options=options)
     else:
          displacy.serve(doc, style='dep', options=options)
```

4. 定义一个短文本进行处理：

```
short_text = "The great diversity of life today evolved
from less-diverse ancestral organisms over billions of
years."
```

5. 创建一个 Doc 对象并使用 visualize 函数对其进行处理：

```
doc = nlp(short_text)
```

```
visualize(doc)
```

您应该看到以下输出：

```
Using the 'dep' visualizer
```

```
Serving on http://0.0.0.0:5000 ...
```

要查看输出，加载浏览器并在地址栏中输入 http：//localhost：5000。您应该在浏览器中看到以下可视化（见图 8.1）：

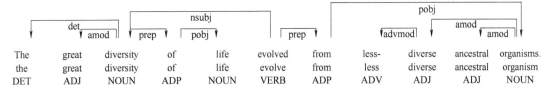

图 8.1　依存句法可视化

如果您不明确停止可视化服务器，它将继续运行。要阻止它，在 Anaconda 窗口中按 Ctrl+C。

6. 现在让我们定义一个长文本来测试函数：

```
long_text = '''To Sherlock Holmes she is always _the_
woman. I have seldom heard him mention her under any
other name. In his eyes she eclipses and predominates the
whole of her sex. It was not that he felt any emotion
akin to love for Irene Adler. All emotions, and that
one particularly, were abhorrent to his cold, precise
but admirably balanced mind. He was, I take it, the most
perfect reasoning and observing machine that the world
has seen, but as a lover he would have placed himself in
a false position. He never spoke of the softer passions,
save with a gibe and a sneer. They were admirable things
for the observer—excellent for drawing the veil from
men's motives and actions. But for the trained reasoner
to admit such intrusions into his own delicate and finely
```

```
adjusted temperament was to introduce a distracting
factor which might throw a doubt upon all his mental
results. Grit in a sensitive instrument, or a crack in
one of his own high-power lenses, would not be more
disturbing than a strong emotion in a nature such as his.
And yet there was but one woman to him, and that woman
was the late Irene Adler, of dubious and questionable
memory.'''
```

7. 对长文本运行 visualize 函数：

```
doc = nlp(long_text)
visualize(doc, is_list=True)
```

要查看输出，请再次加载浏览器并在地址栏中输入 http://localhost：5000。可视化将每个句子作为单独的树列出，并且开头应该是这样的：

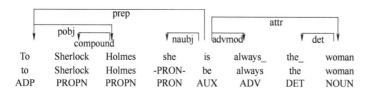

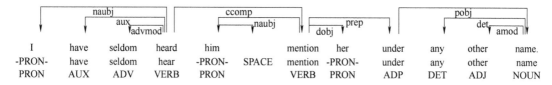

图8.2　长文本依存句法可视化

8. 现在我们定义一个将依存句法保存为 .svg 文件的函数：

```
def save_dependency_parse(doc, path):
    output_path = Path(path)
    svg = displacy.render(doc, style="dep",
                          jupyter=False)
    output_path.open("w", encoding="utf-8").write(svg)
```

9. 定义 text 变量并在必要时再次使用 spaCy 引擎对其进行处理，并在 Doc 对象上运行上述函数：

```
text = "The great diversity of life evolved from less-
diverse ancestral organisms."
doc = nlp(text)
save_dependency_parse(doc, "Chapter08/dependency_parse.
svg")
```

这将创建依存句法并将其保存在 Chapter08/dependency_parse. svg。

● 它是如何工作的…

在步骤 1 中，我们导入 spaCy 和 displacy 包。在步骤 2 中，我们加载 spaCy 引擎。

在步骤 3 中，我们定义了 visualize 函数。我们定义了不同的可视化选项。add_lemma 选项添加单词的词形。例如，evolved 的词形是 evolve，它列在单词本身之下。compact 选项将单词和箭头更多地推到一起，因此它适合更小的空间。color 选项改变单词和箭头的颜色；对于选项值，您可以输入颜色名称或十六进制代码中的颜色值。如果为 True，则 collapse_punct 选项会将标点符号添加到它之前的单词中。arrow_spacing 选项以像素为单位设置箭头之间的距离。bg 选项设置背景的颜色，其值应该是颜色名称或十六进制颜色代码。font 选项更改单词的字体。distance 选项以像素为单位设置单词之间的距离。然后将这些选项作为参数提供给 displacy 可视化器。

对于长文本，displacy 提供了一个选项，可以在新行上单独显示每个句子的解析。为此，我们需要提供句子作为列表。在 visualize 函数中，我们使用 is_list 参数。如果参数等于 True，我们向 displacy 可视化器提供句子列表；否则，我们提供 Doc 对象。默认设置为 False。

在步骤 4 中，我们定义了一个短文本进行处理，在步骤 5 中，我们使用这句话创建了 Doc 对象并调用了 visualize 函数。我们省略了 is_list 参数，因为这不是一个长文本。displacy. serve 函数在运行时会在 http://localhost：5000 上启动可视化服务器并创建我们的可视化。当您将浏览器指向此地址时，您应该会看到可视化效果。

在步骤 6 中，我们定义了一个长文本，它是 *The Adventures of Sherlock Holmes* 的开头。在步骤 7 中，我们创建了一个 Doc 对象并在 is_list 参数设置为 True 的情况下运行 visualize 函数。一旦函数运行，可视化再次在 http://localhost：5000 上可用。

您可以在 https://spacy. io/api/top-level#display 查看 displacy 引擎提供的所有可视化选项。

在步骤 8 中，我们定义了 save_dependen cy_parse 函数，该函数将解析输出保存在提供的位置。它首先将依存句法保存为一个对象，然后将结果对象写入提供的路径。

在步骤 9 中，我们对短文本运行前面的函数。每个对象的依存句法应该保存到单独的文件中。

8.3 可视化词性

正如您在可视化依存句法专题中看到的那样，词性包含在依存句法，所以为了查看句子中每个单词的词性，它是足以做到这一点的。在这个专题中，我们将可视化词性计数。我们将在 *The Adventures of Sherlock Holmes* 一书中可视化过去时和现在时动词的计数。

- **准备**

我们将使用 spaCy 包进行文本分析，使用 matplotlib 包创建图形。如果您没有安装 matplotlib，请使用以下命令安装它：

```
pip install matplotlib
```

- **怎么做…**

我们将创建一个函数，该函数将按时态计算动词的数量，并将每个动词绘制在一个条形图上：

1. 导入必要的包：

```
import spacy
import matplotlib.pyplot as plt
from Chapter01.dividing_into_sentences import read_text_
file
```

2. 加载 spacy 引擎并定义过去和现在的标签集：

```
nlp = spacy.load("en_core_web_sm")
past_tags = ["VBD", "VBN"]
present_tags = ["VBG", "VBP", "VBZ"]
```

3. 定义 visualize_verbs 函数，它将创建可视化：

```
def visualize_verbs(text_file):
    text = read_text_file(text_file)
    doc = nlp(text)
    verb_dict = {"Inf":0, "Past":0, "Present":0}
    for token in doc:
        if (token.tag_ == "VB"):
            verb_dict["Inf"] = verb_dict["Inf"] + 1
        if (token.tag_ in past_tags):
            verb_dict["Past"] = verb_dict["Past"] + 1
        if (token.tag_ in present_tags):
            verb_dict["Present"] = \
            verb_dict["Present"] + 1
    plt.bar(range(len(verb_dict)),
            list(verb_dict.values()),
            align='center', color=["red","green","blue"])
    plt.xticks(range(len(verb_dict)),
               list(verb_dict.keys()))
    plt.show()
```

4. 对 Sherlock Holmes 一书的文本运行 visualize_verbs 函数：

```
visualize_verbs("Chapter01/sherlock_holmes.txt")
```

这将创建以下图表（见图 8.3）：

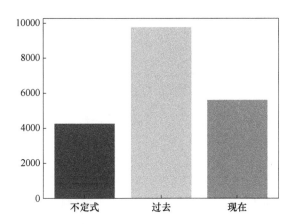

图 8.3　*The Adventures of Sherlock Holmes* 中的不定式、过去和现在动词

创建图片后，您可以使用图片控件来保存它。保存后，在命令提示符下按 Ctrl+C 返回。

● 它是如何工作的…

在步骤 1 中，我们从 matplotlib 导入 spaCy 包和 pyplot 接口。我们还从第 1 章 "学习 NLP 基础知识" 的代码中导入了 read_text_file 函数，位于 https://github.com/PacktPublishing/Python-Natural-Language-Processing-Cookbook。

在步骤 2 中，我们创建了 spaCy 引擎和动词标签列表，一个用于现在时，一个用于过去时。如果您阅读第 1 章 "NLP 概述" 中的词性标注专题，您会注意到这些标签与其中使用的 spaCy 标签不同。这些标签更详细，并使用 tag_ 属性而不是简化标签集中使用的 pos_ 属性。

在步骤 3 中，我们创建了 visualize_verbs 函数。在这个函数中，我们检查每个标记的 tag_ 属性并将现在、过去和不定式动词的计数添加到字典中。然后我们使用 pyplot 接口在条形图中绘制这些计数。我们使用 bar 函数来定义条形图。第一个参数列出了条形的 x 坐标，下一个参数是条形的高度列表。我们还将 align 参数设置为 center 并使用 color 参数为条形图提供颜色。xticks 函数设置 x 轴的标签。最后，我们使用 plot 函数来显示结果图。

在步骤 4 中，我们对 *The Adventures of Sherlock Holmes* 一书的文本运行该函数。结果图显示书中的大多数动词都是过去时。

8.4 可视化 NER

为了可视化命名实体，我们将再次使用 display，与我们用于依存句法可视化的可视化引擎相同。

- **准备**

对于这个专题，您需要 spacy。如果您没有安装它，请使用以下命令安装它：

```
pip install spaCy
```

- **怎么做…**

我们将使用 spaCy 来解析句子，然后使用 display 引擎来可视化命名实体。步骤如下：

1. 导入 spacy 和 display：

```
import spacy
from spacy import displacy
```

2. 加载 spacy 引擎：

```
nlp = spacy.load('en_core_web_sm')
```

3. 定义 visualize 函数，它会创建依存句法可视化：

```
def visualize(doc):
    colors = {"ORG":"green", "PERSON":"yellow"}
    options = {"colors": colors}
    displacy.serve(doc, style='ent', options=options)
```

4. 定义要处理的文本：

```
text = """iPhone 12: Apple makes jump to 5G
Apple has confirmed its iPhone 12 handsets will be its
first to work on faster 5G networks. The company has also
extended the range to include a new "Mini" model that
has a smaller 5.4in screen. The US firm bucked a wider
industry downturn by increasing its handset sales over
the past year. But some experts say the new features
give Apple its best opportunity for growth since 2014,
when it revamped its line-up with the iPhone 6. "5G
will bring a new level of performance for downloads and
uploads, higher quality video streaming, more responsive
gaming, real-time interactivity and so much more," said
chief executive Tim Cook. There has also been a cosmetic
refresh this time round, with the sides of the devices
getting sharper, flatter edges. The higher-end iPhone 12
```

```
Pro models also get bigger screens than before and a new
sensor to help with low-light photography. However, for
the first time none of the devices will be bundled with
headphones or a charger."""
```

5. 创建一个 Doc 对象，设置它的标题，并使用 visualize 函数对其进行处理：

```
doc = nlp(text)
doc.user_data["title"] = "iPhone 12: Apple makes jump to
5G"
visualize(doc)
```

您应该看到以下输出：

```
Using the 'dep' visualizer
Serving on http://0.0.0.0:5000 ...
```

要查看输出，加载浏览器并在地址栏中输入 http://localhost：5000。您应该在浏览器中看到以下可视化（见图 8.4）：

图 8.4　命名实体可视化

6. 现在我们来定义将可视化保存为 HTML 文件的 save_ent_html 函数：

```
def save_ent_html(doc, path):
    html = displacy.render(doc, style="ent")
    html_file= open(path, "w", encoding="utf-8")
    html_file.write(html)
    html_file.close()
```

7. 对先前定义的 doc 变量使用上述函数：

```
save_ent_html(doc, "Chapter08/ner_vis.html")
```

这将创建一个带有实体可视化的 HTML 文件。

● 它是如何工作的…

在步骤 1 中，我们导入 spacy 和 displacy 包。在步骤 2 中，我们初始化 spaCy 引擎。

在步骤 3 中，我们定义了可视化函数，该函数将显示可视化。我们为 ORG 和 PERSON 命名实体使用自定义颜色设置。颜色值可以是颜色名称或十六进制代码。

在步骤 4 中，我们定义要处理的文本。在步骤 5 中，我们使用 spaCy 引擎处理它。然后我们将它的标题设置为故事的标题；标题将在可视化中更突出地显示。然后我们使用 visualize 函数来获得可视化。

在步骤 6 中，我们定义了将可视化保存为 HTML 的 save_ent_html 函数。在步骤 7 中，我们使用该函数来获取 HTML 文件。

8.5 构建词云

在这个专题中，我们将创建两个词云。它们都将使用来自 *The Adventures of Sherlock Holmes* 一书中的文字，其中一个将被塑造成 Sherlock Holmes 头部的轮廓。

● 准备

为了完成这个专题，您需要安装 wordcloud 包：

```
pip install wordcloud
```

● 怎么做…

我们将定义一个函数来从文本中创建词云，然后在 *The Adventures of Sherlock Holmes* 的文本中使用它：

1. 导入必要的包和函数：

```
import os
import nltk
from os import path
import matplotlib.pyplot as plt
from wordcloud import WordCloud, STOPWORDS
from Chapter01.dividing_into_sentences import read_text_
file
from Chapter01.removing_stopwords import compile_
stopwords_list_frequency
```

2. 定义 create_wordcloud 函数：

```
def create_wordcloud(text, stopwords, filename):
    wordcloud = \
    WordCloud(min_font_size=10, max_font_size=100,
              stopwords=stopwords, width=1000,
              height=1000, max_words=1000,
              background_color="white").generate(text)
    wordcloud.to_file(filename)
    plt.figure()
    plt.imshow(wordcloud, interpolation="bilinear")
    plt.axis("off")
    plt.show()
```

3. 读入本书正文：

```
text_file = "Chapter01/sherlock_holmes.txt"
text = read_text_file(text_file)
```

4. 对 Sherlock Holmes 一书的文本运行 create_wordcloud 函数：

```
create_wordcloud(text,
                 compile_stopwords_list_frequency(text),
                 "Chapter08/sherlock_wc.png")
```

这会将结果保存在位于 Chapter08/sherlock_wc.png 的文件中并创建此可视化（见图 8.5）：

图 8.5　Sherlock Holmes 词云可视化

● 它是如何工作的…

在步骤 1 中，我们导入需要的不同包和函数。我们需要 matplotlib. pyplot 和 wordcloud 包，此外，我们从第 1 章"学习 NLP 基础知识"中导入 read_text_file 和 compile_stopwords_ list_frequency 函数。

在步骤 2 中，我们定义了 create_wordcloud 函数。该函数将要处理的文本、停用词和保存结果的文件名作为参数。它创建 wordcloud 对象，将其保存到文件，然后输出结果图。我们为 wordcloud 对象提供的选项是最小字体大小、最大字体大小、宽度和高度、最大字数和背景颜色。

在步骤 3 中，我们读入本书正文。在步骤 4 中，我们使用定义的 create_wordcloud 函数来创建词云。停用词是使用 compile_stopwords_list_frequency 函数创建的，该函数将文本中前 2% 的单词作为停用词返回（参见第 1 章"学习 NLP 基础知识"）。

● 还有更多…

我们还可以对词云应用掩码。在这里，我们将在词云上应用 Sherlock Holmes 轮廓。步骤如下：

1. 做额外的导入：

```
import numpy as np
from PIL import Image
```

2. 使用上述代码，修改 create_wordcloud 函数：

```
def create_wordcloud(text, stopwords, filename,
                     apply_mask=None):
    if (apply_mask is not None):
        wordcloud = WordCloud(background_color="white",
                              max_words=2000,
                              mask=apply_mask,
                              stopwords=stopwords,
                              min_font_size=10,
                              max_font_size=100)
        wordcloud.generate(text)
        wordcloud.to_file(filename)
        plt.imshow(wordcloud, interpolation='bilinear')
        plt.axis("off")
        plt.figure()
```

```
          plt.imshow(apply_mask, cmap=plt.cm.gray,
                     interpolation='bilinear')
          plt.axis("off")
          plt.show()
      else:
          wordcloud = WordCloud(min_font_size=10,
                                max_font_size=100,
                                stopwords=stopwords,
                                width=1000,
                                height=1000,
                                max_words=1000,
                                background_color="white")\
                                .generate(text)
          wordcloud.to_file(filename)
          plt.figure()
          plt.imshow(wordcloud, interpolation="bilinear")
          plt.axis("off")
          plt.show()
```

3. 读入本书正文：

```
text_file = "Chapter01/sherlock_holmes.txt"
text = read_text_file(text_file)
```

4. 读入掩码并在 Sherlock Holmes 一书的文本上运行函数：

```
sherlock_data = Image.open("Chapter08/sherlock.png")
sherlock_mask = np.array(sherlock_data)
create_wordcloud(text,
                 compile_stopwords_list_frequency(text),
                 "Chapter08/sherlock_mask.png",
                 apply_mask=sherlock_mask)
```

这会将结果保存在位于 Chapter08/sherlock_mask. png 的文件中并创建此可视化：

在创建结果时，该程序会显示两个图形：一个是轮廓的黑白图像，另一个是应用了掩码的词云（见图 8.6）。

● 请参阅

有关更多选项，请参阅 wordcloud 文档：https://amueller. github. io/word_cloud/。

图 8.6　带掩码的词云

8.6　可视化主题

在这个专题中，我们将可视化我们在第 6 章"主题建模"中创建的 LDA 主题模型。可视化将使我们能够快速查看与主题最相关的单词以及主题之间的距离。

重要提示

请参阅第 6 章"主题建模"了解如何创建我们将在此处可视化的 LDA 模型。

● **准备**

我们将使用 pyLDAvis 包来创建可视化。要安装它，请使用以下命令：

```
pip install pyldavis
```

● **怎么做…**

我们将加载我们在第 6 章"主题建模"中创建的模型，然后使用 pyLDAvis 包创建主题模型可视化。可视化是使用 Web 服务器创建的：

1. 导入必要的包和函数：

```
import gensim
import pyLDAvis.gensim
```

2. 加载第 6 章"主题建模"中创建的字典、语料库和 LDA 模型：

```
dictionary = \
gensim.corpora.Dictionary.load('Chapter06/gensim/id2word.
dict')
corpus = gensim.corpora.MmCorpus('Chapter06/gensim/
corpus.mm')
lda = \
gensim.models.ldamodel.LdaModel.load('Chapter06/gensim/
lda_gensim.model')
```

3. 创建将要显示的 PreparedData 对象：

```
lda_prepared = pyLDAvis.gensim.prepare(lda, corpus,
                                       dictionary)
```

4. 在浏览器中显示主题模型。在命令行按 Ctrl+C 停止服务器运行：

```
pyLDAvis.show(lda_prepared)
```

这将创建以下可视化（见图 8.7）：

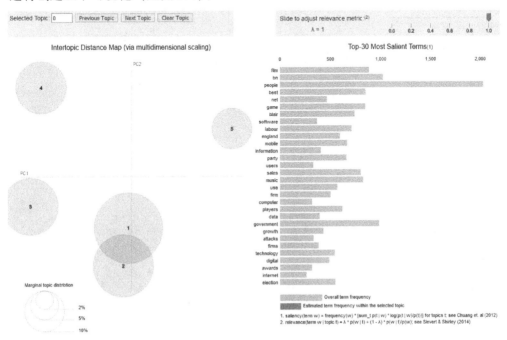

图 8.7　LDA 模型可视化

5. 将可视化保存为 HTML：

```
pyLDAvis.save_html(lda_prepared, 'Chapter08/lda.html')
```

● 它是如何工作的…

在步骤 1 中，我们加载了 gensim 和 pyLDAvis 包。在步骤 2 中，当我们创建 LDA 模型时，我们加载在第 6 章 "主题建模" 中创建的模型对象：字典、语料库和模型本身。在步骤 3 中，我们使用 pyLDAvis 创建一个 PreparedData 对象，稍后我们将其呈现为 HTML。

在步骤 4 中，我们展示了可视化效果。这将启动服务器并打开浏览器以显示可视化。您将看到对每个主题很重要的主题和单词。要选择特定主题，请将鼠标悬停在该主题上。主题 1 是 politics，主题 2 是 business，主题 3 是 sports，主题 4 是 entertainment，主题 5 是 tech。将鼠标悬停在每个主题上时，您会看到最重要的单词发生变化。正如预期的那样，政治和商业密切相关，甚至相互交织，其余的主题则相互独立。

在步骤 5 中，我们将可视化保存为 HTML。

● 请参阅

使用 pyLDAvis，还可以可视化使用 sklearn 创建的模型。有关更多信息，请参阅包文档：https://github.com/bmabey/pyLDAvis。

附 录

附录 A spaCy 词性标签列表

- ADJ：adjective
- ADP：adposition
- ADV：adverb
- AUX：auxiliary verb
- CONJ：coordinating conjunction
- DET：determiner
- INTJ：interjection
- NOUN：noun
- NUM：numeral
- PART：particle
- PRON：pronoun
- PROPN：proper noun
- PUNCT：punctuation
- SCONJ：subordinating conjunction
- SYM：symbol
- VERB：verb
- X：other

附录 B NLTK 词性标签列表

$：dollar

$ - $ -- $ A $ C $ HK $ M $ NZ $ S $ U.S. $ US $

''：closing quotation mark

'''

（：opening parenthesis

([{

）：closing parenthesis

)] }

,：comma

,

--：dash

--

. ：sentence terminator

. ! ?

:：colon or ellipsis

: ; ...

CC：conjunction, coordinating

& 'n and both but either et for less minus neither nor or plus so
therefore times v. versus vs. whether yet

CD：numeral, cardinal

mid-1890 nine-thirty forty-two one-tenth ten million 0. 5 one forty-
seven 1987 twenty '79 zero two 78-degrees eighty-four IX '60s . 025
fifteen 271, 124 dozen quintillion DM2, 000 ...

DT：determiner

all an another any both del each either every half la many much nary
neither no some such that the them these this those

EX：existential there

there

FW：foreign word

gemeinschaft hund ich jeux habeas Haementeria Herr K'ang-si vous
lutihaw alai je jour objets salutaris fille quibusdam pas trop Monte
terram fiche oui corporis ...

IN：preposition or conjunction, subordinating

astride among uppon whether out inside pro despite on by throughout
below within for towards near behind atop around if like until below
next into if beside ...

JJ：adjective or numeral, ordinal

third ill-mannered pre-war regrettable oiled calamitous first separable
ectoplasmic battery-powered participatory fourth still-to-be-named

multilingual multi-disciplinary . . .

JJR：adjective, comparative

bleaker braver breezier briefer brighter brisker broader bumper busier
calmer cheaper choosier cleaner clearer closer colder commoner costlier
cozier creamier crunchier cuter . . .

JJS：adjective, superlative

calmest cheapest choicest classiest cleanest clearest closest commonest
corniest costliest crassest creepiest crudest cutest darkest deadliest
dearest deepest densest dinkiest . . .

LS：list item marker

A A. B B. C C. D E F First G H I J K One SP-44001 SP-44002 SP-44005
SP-44007 Second Third Three Two * a b c d first five four one six three
two

MD：modal auxiliary

can cannot could couldn't dare may might must need ought shall should
shouldn't will would

NN：noun, common, singular or mass

common-carrier cabbage knuckle-duster Casino afghan shed thermostat
investment slide humour falloff slick wind hyena override subhumanity
machinist . . .

NNP：noun, proper, singular

Motown Venneboerger Czestochwa Ranzer Conchita Trumplane Christos
Oceanside Escobar Kreisler Sawyer Cougar Yvette Ervin ODI Darryl CTCA
Shannon A. K. C. Meltex Liverpool . . .

NNPS：noun, proper, plural

Americans Americas Amharas Amityvilles Amusements Anarcho-Syndicalists
Andalusians Andes Andruses Angels Animals Anthony Antilles Antiques
Apache Apaches Apocrypha . . .

NNS：noun, common, plural

undergraduates scotches bric-a-brac products bodyguards facets coasts
divestitures storehouses designs clubs fragrances averages
subjectivists apprehensions muses factory-jobs . . .

PDT：pre-determiner

all both half many quite such sure this

POS：genitive marker

''s

PRP：pronoun, personal

hers herself him himself hisself it itself me myself one oneself ours
ourselves ownself self she thee theirs them themselves they thou thy us

PRP $ ：pronoun, possessive

her his mine my our ours their thy your

RB：adverb

occasionally unabatingly maddeningly adventurously professedly
stirringly prominently technologically magisterially predominately
swiftly fiscally pitilessly . . .

RBR：adverb, comparative

further gloomier grander graver greater grimmer harder harsher
healthier heavier higher however larger later leaner lengthier less-
perfectly lesser lonelier longer louder lower more . . .

RBS：adverb, superlative

best biggest bluntest earliest farthest first furthest hardest
heartiest highest largest least less most nearest second tightest worst

RP：particle

aboard about across along apart around aside at away back before behind
by crop down ever fast for forth from go high i. e. in into just later
low more off on open out over per pie raising start teeth that through
under unto up up-pp upon whole with you

SYM：symbol

% & '''.)) . * + , . < = > @ A [fj] U. S U. S. S. R * * * * * *

TO："to" as preposition or infinitive marker

to

UH：interjection

Goodbye Goody Gosh Wow Jeepers Jee-sus Hubba Hey Kee-reist Oops amen
huh howdy uh dammit whammo shucks heck anyways whodunnit honey golly
man baby diddle hush sonuvabitch . . .

VB：verb, base form

ask assemble assess assign assume atone attention avoid bake balkanize
bank begin behold believe bend benefit bevel beware bless boil bomb
boost brace break bring broil brush build . . .

VBD：verb, past tense

208

dipped pleaded swiped regummed soaked tidied convened halted registered
cushioned exacted snubbed strode aimed adopted belied figgered
speculated wore appreciated contemplated . . .

VBG：verb, present participle or gerund
telegraphing stirring focusing angering judging stalling lactating
hankerin' alleging veering capping approaching traveling besieging
encrypting interrupting erasing wincing . . .

VBN：verb, past participle
multihulled dilapidated aerosolized chaired languished panelized used
experimented flourished imitated reunifed factored condensed sheared
unsettled primed dubbed desired . . .

VBP：verb, present tense, not 3rd person singular
predominate wrap resort sue twist spill cure lengthen brush terminate
appear tend stray glisten obtain comprise detest tease attract
emphasize mold postpone sever return wag . . .

VBZ：verb, present tense, 3rd person singular
bases reconstructs marks mixes displeases seals carps weaves snatches
slumps stretches authorizes smolders pictures emerges stockpiles
seduces fizzes uses bolsters slaps speaks pleads . . .

WDT：WH-determiner
that what whatever which whichever

WP：WH-pronoun
that what whatever whatsoever which who whom whosoever

WP＄：WH-pronoun, possessive
whose

WRB：Wh-adverb
how however whence whenever where whereby whereever wherein whereof why

``：opening quotation mark
```

# 附录 C　停用词列表

| 'm | 're | 's | 've |
|---|---|---|---|
| a | able | about | above |
```

absolutely	accordance	according	accordingly
across	act	actually	added
adj	affected	affecting	affects
after	afterwards	again	against
ago	ah	all	almost
alone	along	already	also
although	always	am	amazing
among	amongst	an	and
announce	another	any	anybody
anyhow	anymore	anyone	anything
anyway	anyways	anywhere	apparently
approximately	are	aren	aren'
arent	arise	around	as
aside	ask	asking	at
auth	available	away	awesome
awful	awfully	back	bad
basically	be	became	because
become	becomes	becoming	been
before	beforehand	begin	beginning
beginnings	begins	behind	being
believe	below	beside	besides
best	better	between	beyond
big	bigger	biggest	biol
bit	both	brief	briefly
but	by	ca	came
can	can'	can't	cannot
cause	causes	certain	certainly
clearly	co	com	come

comes	constantly	contain	containing
contains	could	couldn	couldn'
couldnt	currently	date	day
days	definitely	despite	did
didn	didn'	didn't	different
do	does	doesn	doesn'
doesn't	doing	don	don't
done	dont	down	downwards
due	during	each	easi
easier	easy	ed	edu
effect	eg	eight	eighty
either	else	elsewhere	end
ending	enough	entire	especially
et	et-al	etc	even
ever	every	everybody	everyone
everything	everywhere	ex	excellent
except	extremely	fantastic	far
feel	feeling	few	ff
fifth	finally	fine	first
five	fix	followed	following
follows	for	forever	former
formerly	forth	found	four
free	from	further	furthermore
gave	get	gets	getting
give	given	gives	giving
glad	go	goes	going

gone	good	goodbye	got
gotten	great	greatest	had
half	happens	happy	hardly
has	hasn't	have	haven
haven'	haven't	having	he
hed	hello	hence	her
here	hereafter	hereby	herein
heres	hereupon	hers	herself
hes	hi	hid	him
himself	his	hither	home
hope	hour	hours	how
howbeit	however	huge	hundred
i	i'll	i've	id
ie	if	im	immediate
immediately	importance	important	in
inc	incredible	incredibly	indeed
index	information	initially	instead
into	invention	inward	is
isn	isn'	isn't	issue
issues	it	it'll	itd
its	itself	just	keep
keeps	kept	kg	kind
km	know	known	knows
largely	last	lately	later
latter	latterly	least	less
lest	let	lets	like

liked	likely	line	literally
little	ll	look	looking
looks	lot	lots	love
loved	ltd	luck	made
mainly	make	makes	many
matter	may	maybe	me
mean	means	meantime	meanwhile
merely	mg	might	million
minute	minutes	miss	ml
month	months	more	moreover
most	mostly	mr	mrs
much	mug	must	my
myself	n't	na	name
namely	nay	nd	near
nearly	necessarily	necessary	need
needs	neither	never	nevertheless
new	next	nine	ninety
no	nobody	non	none
nonetheless	noone	nor	normally
nos	not	noted	nothing
now	nowhere	obtain	obtained
obviously	of	off	often
oh	ok	okay	old
omitted	on	once	one
ones	only	onto	or
ord	other	others	otherwise

ought	our	ours	ourselves
out	outside	over	overall
owing	own	page	pages
part	particular	particularly	past
per	perfect	perhaps	placed
please	plus	poor	poorly
possible	possibly	potentially	pp
predominantly	present	pretty	previously
primarily	probably	problem	problems
promptly	proud	provides	put
que	quickly	quite	qv
ran	rather	rd	re
readily	really	recent	recently
ref	refs	regarding	regardless
regards	related	relatively	research
respectively	resulted	resulting	results
review	reviews	right	rock
rocks	run	s	said
same	saw	say	saying
says	sec	second	seconds
section	see	seeing	seem
seemed	seeming	seems	seen
self	selves	sent	seriously
seven	several	shall	she
she'll	shed	shes	should
shouldn't	show	showed	shown

shows	significant	significantly	similar
similarly	since	six	slightly
so	some	somebody	somehow
someone	somethan	something	sometime
sometimes	somewhat	somewhere	soon
sorry	specifically	specified	specify
specifying	still	stop	strongly
stuff	sub	substantially	successfully
such	suck	sucks	suddenly
sufficiently	suggest	sup	super
sure	t	take	taken
taking	tell	tends	terrible
th	than	thank	thanks
thanx	that	that'll	that've
thats	the	their	theirs
them	themselves	then	thence
there	there'll	there've	thereafter
thereby	thered	therefore	therein
thereof	theres	thereto	thereupon
these	they	they'll	they've
theyd	theyre	thing	things
think	this	those	thou
though	though	thousand	through
throughout	thru	thus	til
till	time	times	tip
to	together	too	took

totally	toward	towards	tried
tries	true	truly	try
trying	ts	twice	two
un	under	unfortunately	unless
unlike	unlikely	until	unto
up	upon	ups	us
use	used	useful	usefully
usefulness	uses	using	usually
various	ve	veri	very
via	viz	vol	vols
vs	want	wants	was
wasn	wasn'	wasnt	way
we	we'll	we've	wed
week	weeks	welcome	well
went	were	werent	what
what'll	whatever	whats	when
whence	whenever	where	whereafter
whereas	whereby	wherein	wheres
whereupon	wherever	whether	which
while	whim	whither	who
who'll	whod	whoever	whole
whom	whomever	whos	whose
why	widely	will	willing
wish	with	within	without
wont	words	world	worse
worst	would	wouldn	wouldn'

wouldnt	wow	wrong	www
year	years	yes	yet
you	you'll	you've	youd
your	youre	yours	yourself
yourselves	zero		

附录 D　spaCy 命名实体标签

spaCy 为命名实体识别训练两种类型的模型。在 OntoNotes 5 语料库上训练的模型具有以下标签：

类型	描述
PERSON	People, including fictional.
NORP	Nationalities or religious or political groups.
FAC	Buildings, airports, highways, bridges, etc.
ORG	Companies, agencies, institutions, etc.
GPE	Countries, cities, states.
LOC	Non-GPE locations, mountain ranges, bodies of water.
PRODUCT	Objects, vehicles, foods, etc. (Not services.)
EVENT	Named hurricanes, battles, wars, sports events, etc.
WORK_OF_ART	Titles of books, songs, etc.
LAW	Named documents made into laws.
LANGUAGE	Any named language.
DATE	Absolute or relative dates or periods.
TIME	Times smaller than a day.
PERCENT	Percentage, including "%".
MONEY	Monetary values, including unit.

QUANTITY	Measurements, as of weight or distance.
ORDINAL	"first" "second", etc.
CARDINAL	Numerals that do not fall under another type.

在 Wikipedia 数据上训练的模型具有以下方案:

类型	描述
PER	Named person or family.
LOC	Name of politically or geographically defined location (cities, provinces, countries, international regions, bodies of water, mountains).
ORG	Named corporate, governmental, or other organizational entity.
MISC	Miscellaneous entities, e. g. events, nationalities, products or works of art.